◎ 小小程序员系列丛书 ◎

超好玩的
Scratch 3.5
少儿编程

王红明◎ 编著

U0272747

机械工业出版社
CHINA MACHINE PRESS

本书是写给青少年编程读者的编程学习用书，主要通过 10 个游戏及作品的实例来讲解 Scratch 3.5 的编程方法，引导青少年快乐地学习编程。通过游戏编程实例及有趣的作品，让青少年参与其中，培养青少年独立分析问题和解决问题的能力，培养青少年的探索精神，为今后进一步深入学习编程打好基础。

本书采用培训机构教学实践的形式来编写，以青少年感兴趣的游戏实例等为主线，分阶层由浅入深进行讲解，让读者在学习本书之后成为一个真正的 Scratch 编程高手。

本书采用全彩色、全图解的方式讲解，读者只要跟着步骤去做，就能完成很棒的项目。

本书适合初学编程的青少年学习使用，也适合中小学信息技术课教师或培训机构的老师作为参考用书，同时也适合想要让孩子学习 Scratch 的家长阅读参考。

图书在版编目（CIP）数据

超好玩的 Scratch 3.5 少儿编程/王红明编著．—北京：机械工业出版社，2019.11

（小小程序员系列丛书）

ISBN 978-7-111-64242-8

Ⅰ．①超⋯ Ⅱ．①王⋯ Ⅲ．①程序设计-少儿读物 Ⅳ．①TP311.1-49

中国版本图书馆 CIP 数据核字（2019）第 268587 号

机械工业出版社（北京市百万庄大街 22 号 邮政编码 100037）

策划编辑：张淑谦 责任编辑：张淑谦 李培培
责任校对：张艳霞 责任印制：张 博

北京东方宝隆印刷有限公司印刷

2020 年 1 月第 1 版·第 1 次印刷

184mm×260mm·16.75 印张·410 千字

0001—3000 册

标准书号：ISBN 978-7-111-64242-8

定价：99.00 元

电话服务 网络服务

客服电话：010-88361066 机 工 官 网：www.cmpbook.com

010-88379833 机 工 官 博：weibo.com/cmp1952

010-68326294 金 书 网：www.golden-book.com

封底无防伪标均为盗版 机工教育服务网：www.cmpedu.com

前　言

一、为什么写这本书

Scratch 3.5 编程能很好地培养孩子的逻辑思维能力、程序设计能力、分析解决问题的能力及创造能力。那么如何让初学编程的青少年能够很好地掌握 Scratch 3.5 编程呢？其实也不难，只要"多学、多问、多编程"，就可以掌握 Scratch 3.5 的基本编程方法。

学习编程是枯燥的，很多人坚持不下来，这就需要一本有意思的 Scratch 3.5 编程学习参考书，既能学到 Scratch 3.5 的编程精华，又能让学习很有趣，这就是作者编写本书的目的。

二、全书学习地图

本书编程启蒙篇首先介绍 Scratch 3.5 的基本知识和基本操作方法，然后用两个实例讲解 Scratch 3.5 的基本编程方法。

初级编程篇用两个实例更深入地讲解 Scratch 3.5 的用法，主要学习坐标、图层、循环、循环嵌套、运动等用法。

中级编程篇用 3 个实例讲解游戏的编程方法，主要学习变量、逻辑判断、条件语句、克隆、游戏结束、游戏胜利、积分、生命值、游戏关卡等用法。

高级编程篇用 3 个实例讲解有一定难度的复杂游戏的制作方法，主要学习自制积木、列表、变量、子程序、重力、角色跳跃控制、角色左右运动控制、角色弹射控制、游戏提示、游戏关卡设计、漏洞的修复技巧、游戏的调试技巧等知识。

三、本书特色

本书具有如下特色。

1）采用培训机构教学实践的形式来编写，以游戏和有意思的故事作品实例作为主线，让读者由易到难逐步掌握 Scratch 3.5 的编程方法和技巧。

2）采用分阶层由浅入深，从启蒙开始到初、中、高阶层讲解，使读者可以不断获得成就感。

3）采用全彩色、全图解方式，步骤式描述，辅以"难点解析""小技巧"和特殊的版块，强调重点和难点。

4）采用结果导向方式讲解，结合课前故事、作品运行效果展示分析、作品背景和角色行为分析、程序编写实战、课后游戏、课后任务等几大板块进行讲解。

四、读者定位

本书适合初学编程的青少年学习使用，也适合中小学信息技术课教师或培训机构的老师作为参考用书，同时也适合想要让孩子学习 Scratch 3.5 编程的家长阅读参考。

五、本书作者团队

本书由王红明编写，编写过程中贺鹏、张军、刘继任、王伟伟等人提供了很多帮助。由于作者水平有限，书中难免有疏漏和不足之处，恳请业界同人及读者朋友提出宝贵意见。

六、感谢

一本书从选题到出版，要经历很多环节，在此感谢机械工业出版社，感谢张淑谦编辑和其他工作人员不辞辛苦，为本书出版所做的大量工作。

编　者
2019 年 9 月

目　　录

前言

第1篇　编程启蒙篇

第 1 章　开始前的准备 / 3

1.1　Scratch 下载与安装 / 4

1.2　Scratch 3.5 基本操作 / 13

1.3　编写第一个 Scratch 3.5

小程序 / 30

1.4　课后任务 / 35

第 2 章　故事大王讲故事 / 37

2.1　程序编写分析 / 39

2.2　给舞台添加背景 / 41

2.3　在舞台中加入故事角色 / 41

2.4　让 Devin 和剧场大小协调 / 42

2.5　将 Devin 变成故事大王 / 43

2.6　课后任务 / 47

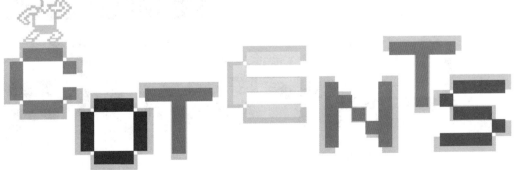

第 2 篇　初级编程篇

第 3 章　换装游戏 / 51

3.1　游戏制作分析 / 53

3.2　难点解析之坐标、图层 / 55

3.3　选择一个喜欢的卧室背景 / 57

3.4　加入主人公小芳 / 58

3.5　创建衣架 / 58

3.6　给衣架放置衣物 / 59

3.7　制作"重做"按钮 / 61

3.8　游戏开始时让小芳向大家打招呼 / 62

3.9　给"重做"按钮编程 / 63

3.10　让蓝裙子在小芳和衣架间移动 / 63

3.11　粉裙子和蓝裙子来回试装 / 64

3.12　轻松编写上衣的代码 / 66

3.13　所有角色最终的脚本 / 67

3.14　课后任务 / 69

第 4 章　舞林大赛 / 71

4.1　游戏制作分析 / 73

4.2　难点解析之循环 / 75

4.3　选择一个带灯光的舞台背景 / 76

4.4　舞者登场 / 76

4.5 让舞台的灯光闪烁起来 / 78

4.6 让舞者舞动起来（一）/ 78

4.7 让舞者舞动起来（二）/ 79

4.8 加入提示和音乐 / 81

4.9 课后任务 / 83

第 3 篇　中级编程篇

第 5 章　赛车游戏 / 87

5.1 游戏制作分析 / 89

5.2 难点解析之逻辑运算、
变量与条件语句 / 90

5.3 选择赛道 / 96

5.4 游戏主角赛车进场 / 97

5.5 为赛车设置控制键 / 98

5.6 给赛车编写动力脚本 / 100

5.7 给赛车配音 / 100

5.8 给获胜者编写脚本 / 101

5.9 编写赛车 2 的脚本 / 102

5.10 课后任务 / 105

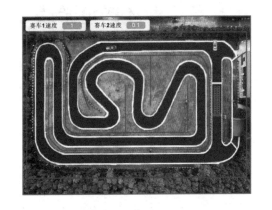

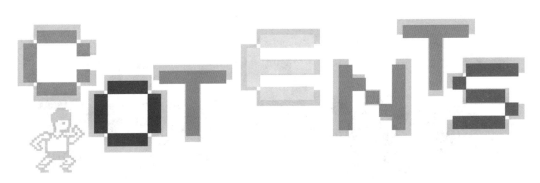

第 6 章　卡通电子时钟制作 / 107

6.1　程序制作分析 / 109

6.2　难点解析之时间与角度的计算 / 110

6.3　设置一个漂亮的小鸭表盘 / 111

6.4　为钟表添加表针 / 112

6.5　让秒针转动起来 / 114

6.6　让分针跟着转动 / 115

6.7　设计时针的脚本 / 116

6.8　课后任务 / 118

第 7 章　海洋捕鱼游戏 / 119

7.1　游戏制作分析 / 121

7.2　难点解析之克隆 / 123

7.3　给小鱼一个美丽的海洋世界 / 123

7.4　游戏角色登场 / 124

7.5　克隆小鱼生成鱼群 / 125

7.6　凶猛的鲨鱼来了 / 127

7.7　实现鼠标控制人捕鱼 / 128

7.8　游戏控制 / 129

7.9　提示和音乐 / 130

7.10　设置关卡对应的背景 / 133

7.11　调整与优化 / 134

7.12　课后任务 / 135

第4篇　高级编程篇

第8章　超级玛丽游戏 / 139

8.1　游戏制作分析 / 141

8.2　难点解析之子程序、重力 / 143

8.3　实现左右运动控制 / 145

8.4　实现上下跳跃控制 / 148

8.5　修复跳跃时的漏洞 / 151

8.6　跌落就 GAME OVER / 153

8.7　超级玛丽登场 / 154

8.8　失败的玛丽 / 157

8.9　布置更多游戏场景 / 159

8.10　编写游戏控制脚本 / 161

8.11　调整小球和玛丽的主脚本 / 162

8.12　设置小球在各个场景开始的位置 / 163

8.13　场景切换的设置 / 165

8.14　玛丽喜欢的金币登场 / 168

8.15　狡猾的怪兽 / 172

8.16　为游戏添加音乐效果和提示 / 175

8.17　游戏调试技巧 / 177

8.18　课后任务 / 178

第9章 愤怒的小鸟游戏 / 179

9.1 游戏制作分析 / 181

9.2 难点解析之抛物运动 / 183

9.3 弹射小鸟 / 183

9.4 增加重力后的飞行 / 185

9.5 给游戏设置一个漂亮的场景 / 186

9.6 集合更多小鸟 / 188

9.7 实现弹弓依次弹射每个小鸟 / 190

9.8 搭建小猪躲避屏障 / 196

9.9 让屏障也可以被撞倒 / 201

9.10 第一头小猪登场 / 205

9.11 三头小猪来了 / 209

9.12 设计分数显示效果 / 214

9.13 加入提示和声音 / 216

9.14 创建一个游戏控制角色 / 219

9.15 调整和优化 / 221

9.16 课后任务 / 229

第10章 劲舞团游戏 / 231

10.1 游戏制作分析 / 233

10.2　难点解析之列表 / 234

10.3　让克隆体运动起来 / 235

10.4　让舞台灯光闪烁 / 237

10.5　创建游戏的大脑——游戏控制 / 238

10.6　让游戏"大脑"控制箭头 / 240

10.7　控制更多的箭头 / 242

10.8　通过"开始"按钮来启动游戏 / 247

10.9　让玩家调整箭头移动速度 / 249

10.10　请舞者登台 / 250

10.11　为游戏添加音乐和提示 / 251

10.12　调试与优化 / 253

10.13　课后任务 / 254

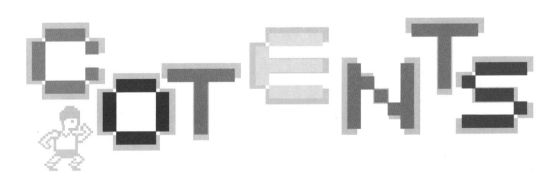

第1篇 编程启蒙篇

本篇主要讲解 Scratch 软件各个功能模块的用法。通过对实例的学习，熟悉 Scratch 软件的舞台、背景、角色，熟悉积木块及各功能模块。初步掌握 Scratch 软件的基本编程技巧，可以自己动手编写一些简单的程序和游戏。本篇主要针对的是刚接触 Scratch 编程软件的读者，对于已经熟悉 Scratch 基本用法的读者，可以跳过此篇，直接学习后面章节的内容。

本篇内容：

第 1 章：开始前的准备。主要介绍 Scratch 3.5 的下载和安装方法，Scratch 3.5 与 2.0 的主要区别，认识 Scratch 3.5 编辑器，Scratch 3.5 的基本操作方法，编写第一个程序等。

第 2 章：故事大王讲故事。将编写一个故事大王讲故事的程序，掌握添加背景和角色的方法、更换造型的方法、修改积木块参数的方法和测试程序的方法等。

开始前的准备

你想创作出属于自己的动画、游戏吗？你想像玩积木一样去编写游戏代码吗？那就需要了解和学习 Scratch。它通过拖动积木块来完成编程，不但简单而且有趣。本章将带你了解 Scratch 基本知识并编写第一个 Scratch 程序。

1.1 Scratch 下载与安装

在学习 Scratch 编程前，需要先搭建 Scratch 编程环境，本节先教你如何下载和安装 Scratch 程序。

1.1.1 什么是 Scratch

首先通过几幅图片来对 Scratch 有个初步认识，如图 1-1 所示。图①为 Scratch 编辑器，它有很多"积木块"哦，图②③④为通过 Scratch 编写的动画、游戏。

图 1-1　认识 Scratch

Scratch 是由美国麻省理工学院（MIT）设计开发的，通过用鼠标将"积木块"拖动并连接在一起来完成编程。大家可以使用 Scratch 编写属于自己的动画、游戏以及其他交互程序。通过编程可以培养综合能力，获得学习和创造的乐趣。Scratch 可以帮助大家提升创造力、逻辑力、协作力，这些都是 21 世纪学习和工作不可或缺的基本能力。

1.1.2 Scratch 3.5 与 2.0 有何不同

如果你之前了解或学习过 Scratch 2.0 版本，想了解 3.5 版本对比 2.0 版本的变化，可以详细学习本节内容；如果你是第一次接触 Scratch，则可以跳过此节内容，继续学习下面章节的内容。

Scratch 编程工具从诞生到现在已经发展到了 3.5 版本。2007 年 Scrath 1.4 诞生，那时它还只是一个供孩子们下载到本地电脑的应用程序；2013 年 Scrath 2.0 问世，孩子们可以直接在网页浏览器中创建和分享他们的互动故事、游戏和动画；2019 年发布了 3.5 版本，它和 2.0 版本相比做了很多改进，它放弃了 Flash 技术，采用了 HTML5 和 JavaScript 技术来编写，支持所有的现代浏览器和 WebGL，能够跨平台使用，可以在笔记本电脑、台式机、平板电脑和手机等各种终端设备上使用。

Scratch 3.5 与 2.0 相比还有很多不同的地方，下面简单总结一下。

1．编程窗口不同

Scratch 3.5 和 2.0 相比最直观的区别是编辑器的编程窗口变了，如图 1-2 所示分别为 Scratch 3.5 和 2.0 的编程窗口。

2．扩展的变化

Scratch 3.5 将画笔、MIDI 音乐和视频侦测指令积木块作为扩展指令，与文字朗读等硬件扩展默认被隐藏起来。如果想使用这些指令积木块，可以单击指令积木区下方的 ▣ 按钮添加所需要的扩展，如图 1-3 所示。添加扩展之后，就能在指令积木区看到所添加的扩展指令积木块了。

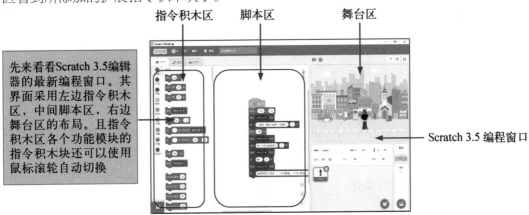

图 1-2 Scratch 3.5 和 2.0 的编程窗口

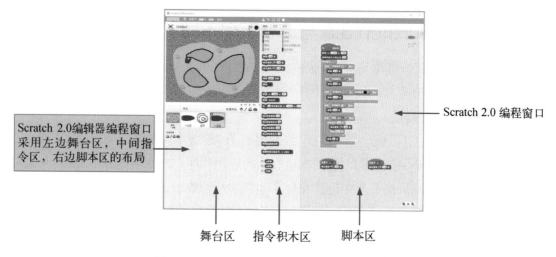

Scratch 2.0编辑器编程窗口采用左边舞台区，中间指令区，右边脚本区的布局

Scratch 2.0 编程窗口

舞台区　　指令积木区　　脚本区

图 1-2　Scratch 3.5 和 2.0 的编程窗口（续）

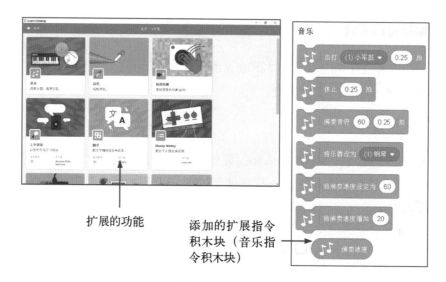

扩展的功能

添加的扩展指令积木块（音乐指令积木块）

图 1-3　扩展变化

3．支持中文输入

Scratch 2.0 不能输入中文的问题在 Scratch 3.5 以上版本中得以解决，如图 1-4 所示。

4．绘图编辑器的变化

Scratch 3.5 和 2.0 的绘图编辑器不一样了，两个版本绘图编辑器的工具按钮颜色选取的方式完全不同，如图1-5所示。

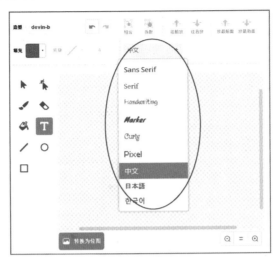

图1-4 可以选择输入中文

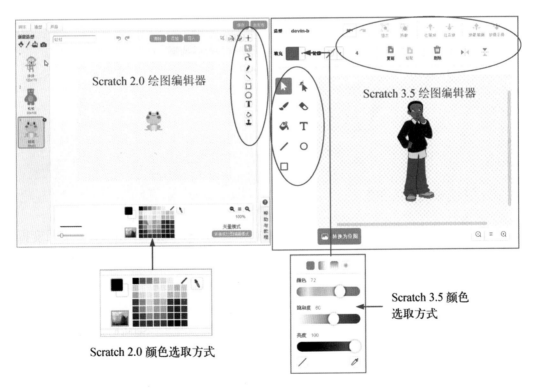

图1-5 绘图编辑器的变化

5．角色属性的变化

在 Scratch 3.5 中将角色属性面板直接呈现在角色列表区上方，这样调整角色属性更方便。Scratch 2.0 则需要单击角色上的"i"打开角色属性面板，如图 1-6 所示。

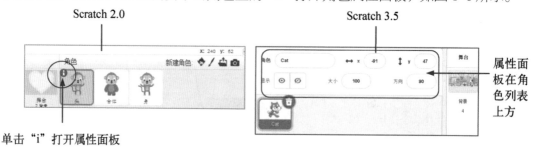

图 1-6　角色属性的变化

另外，在 Scratch 3.5 中，角色方向的调整采用了仪表盘的方式，如图 1-7 所示。

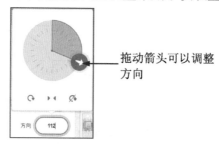

图 1-7　角色方向的调整方式

6．声音编辑器的变化

Scratch 3.5 的声音编辑器和 Scratch 2.0 是不同的，Scratch 3.5 使录音和剪辑变得更简单，如图 1-8 所示。

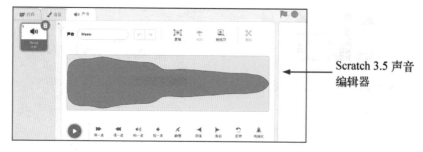

图 1-8　声音编辑器的变化

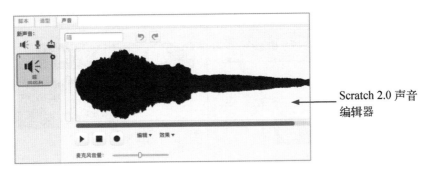

Scratch 2.0 声音
编辑器

图 1-8　声音编辑器的变化（续）

7．素材库和教程的变化

在 Scratch 3.5 中，背景、角色、造型、声音等素材库发生了一些变化，增加一些更好看的素材。另外，自带的学习教程也发生了变化，如图 1-9 所示。

Scratch 3.5 中增加了一些背景、角色、造型及声音素材等

图 1-9　素材库和教程的变化

8．功能指令的变化

在 Scratch 3.5 中新增了一些指令积木块，如图 1-10 所示。

1.1.3　从哪里下载 Scratch 3.5

扫码看视频

Scratch 3.5 离线版可以从 Scratch 的官方网站下载，下载方法其实很简单，如图 1-11 所示。

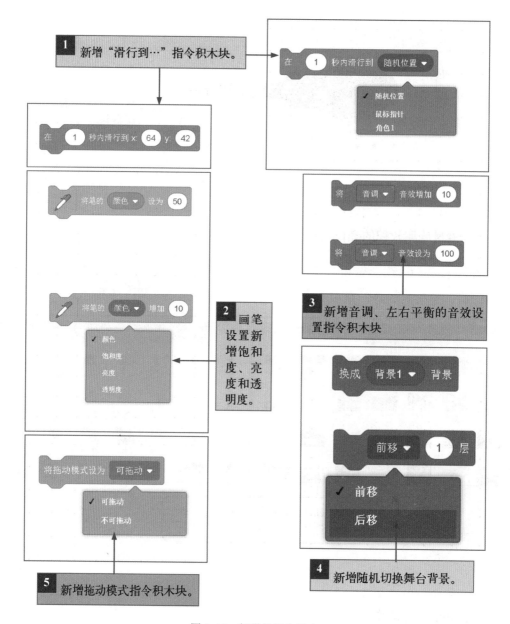

图1-10　新增的指令积木

▶ 1.1.4　安装 Scratch 3.5 原来如此简单

Scratch 3.5 软件下载完成后，并不能直接使用，还需要将软件安装到自己的电脑，才能正式使用。安装方法如图1-12所示。

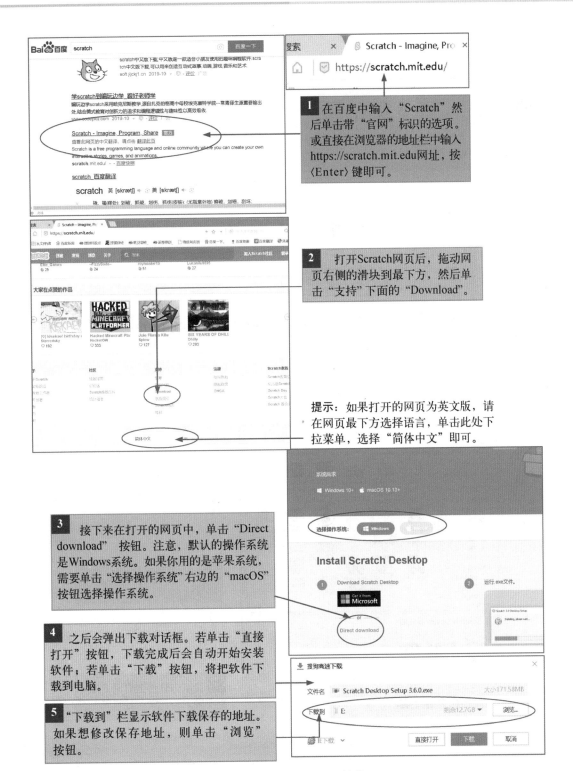

图 1-11　下载 Scratch 3.5 软件

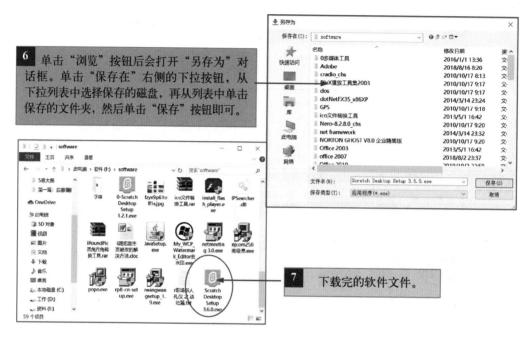

6 单击"浏览"按钮后会打开"另存为"对话框。单击"保存在"右侧的下拉按钮,从下拉列表中选择保存的磁盘,再从列表中单击保存的文件夹,然后单击"保存"按钮即可。

7 下载完的软件文件。

图 1-11　下载 Scratch 3.5 软件(续)

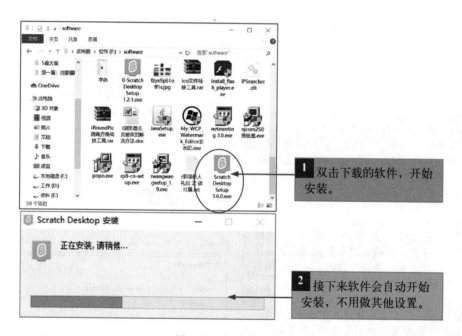

1 双击下载的软件,开始安装。

2 接下来软件会自动开始安装,不用做其他设置。

图 1-12　安装 Scratch

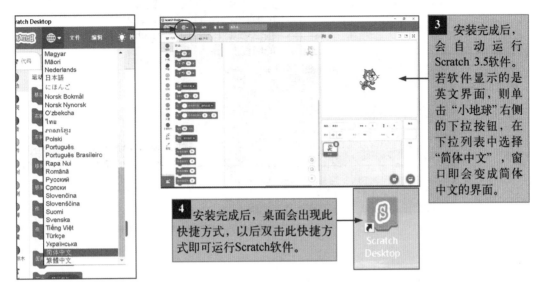

图 1-12　安装 Scratch（续）

1.2 Scratch 3.5 基本操作

Scratch 3.5 软件安装成功了，现在是不是迫不及待地想试一试，亲自制作一个动画或游戏？别急，本节将带你进入 Scratch 编程中。

1.2.1 进入 Scratch 编程窗口

Scratch 3.5 编辑器支持在线或离线方式，下面分别介绍。

1．进入在线 Scratch 3.5 编程窗口

Scratch 3.5 支持在线创作，即可以从 Scratch 官网直接打开编辑器进行编程，打开方法如图 1-13 所示。

如果遇到提示"你的浏览器不支持 WenGL"无法打开在线浏览器的问题，则需要使用支持 WenGL 的浏览器打开，如 Google Chrome 浏览器、Mozilla Firefox 4+浏览器等，如图 1-14 所示。

图 1-13　在线打开 Scratch 编辑器

图 1-14　浏览器不支持 WenGL

2．进入离线 Scratch 3.5 编程窗口

离线 Scratch 3.5 编辑器安装完成后，双击"Scratch Desktop"快捷方式即可进入 Scratch 3.5 编辑器，如图 1-15 所示。

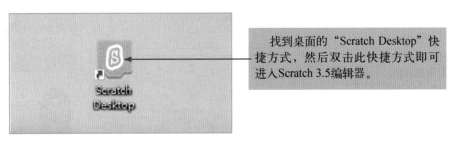

图 1-15　进入离线 Scratch 3.5 编辑器

1.2.2　Scratch 3.5 编程窗口基本操作

Scratch 3.5 编程窗口分为几个不同的区域,左侧区域为指令积木区,中间区域用于编写脚本代码,右侧区域为舞台,展示了整个程序运行的效果,如图 1-16 所示。

扫码观看视频

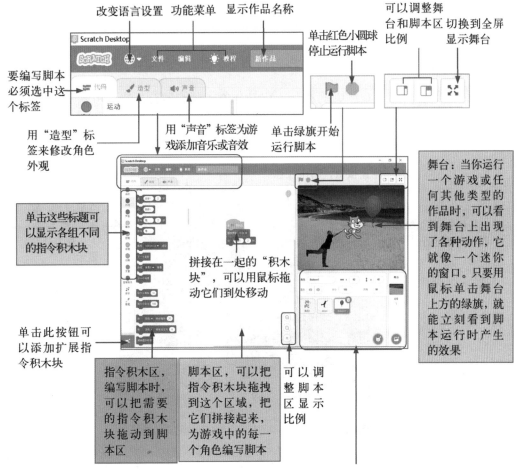

改变语言设置　功能菜单　显示作品名称

单击红色小圆球停止运行脚本

可以调整舞台和脚本区比例　切换到全屏显示舞台

要编写脚本必须选中这个标签

用"造型"标签来修改角色外观

用"声音"标签为游戏添加音乐或音效

单击绿旗开始运行脚本

舞台:当你运行一个游戏或任何其他类型的作品时,可以看到舞台上出现了各种动作,它就像一个迷你的窗口。只要用鼠标单击舞台上方的绿旗,就能立刻看到脚本运行时产生的效果

单击这些标题可以显示各组不同的指令积木块

拼接在一起的"积木块",可以用鼠标拖动它们到处移动

单击此按钮可以添加扩展指令积木块

指令积木区,编写脚本时,可以把需要的指令积木块拖动到脚本区

脚本区,可以把指令积木块拖拽到这个区域,把它们拼接起来,为游戏中的每一个角色编写脚本

可以调整脚本区显示比例

图 1-16　Scratch 3.5 编程窗口

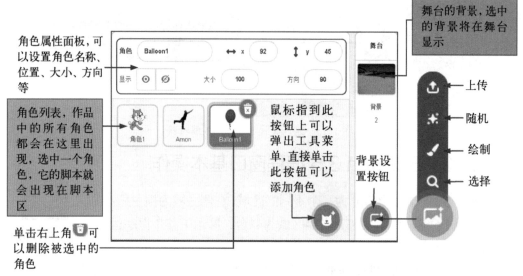

角色属性面板，可以设置角色名称、位置、大小、方向等

角色列表，作品中的所有角色都会在这里出现，选中一个角色，它的脚本就会出现在脚本区

单击右上角 🗑 可以删除被选中的角色

舞台的背景，选中的背景将在舞台显示

鼠标指到此按钮上可以弹出工具菜单，直接单击此按钮可以添加角色

背景设置按钮

上传

随机

绘制

选择

图 1-16　Scratch 3.5 编程窗口（续）

1. 舞台

这里的舞台类似于戏剧中的舞台，它是角色表演的地方，舞台可以是不同的背景，就像在戏剧中一样。舞台的上方有运行、停止、全屏模式等几个按钮，如图 1-17 所示。

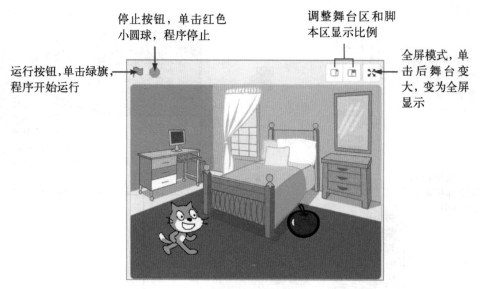

停止按钮，单击红色小圆球，程序停止

运行按钮，单击绿旗，程序开始运行

调整舞台区和脚本区显示比例

全屏模式，单击后舞台变大，变为全屏显示

图 1-17　舞台区按钮

舞台中每一个角色所在的位置是用坐标来表示的。那么舞台上的坐标是怎么规

定的呢？首先舞台中心位置的坐标为（0,0），水平方向用 X 表示，垂直方向用 Y 来表示，如图 1-18 所示。要确定舞台上一个点的坐标，需要从舞台中心横向和纵向计算步数，舞台上每一个点都有唯一坐标，借助坐标就可以把角色移动到某个位置，如图 1-19 所示。

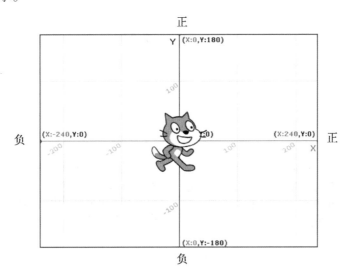

图 1-18　舞台的坐标

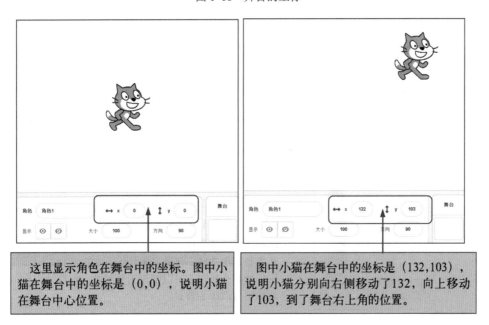

这里显示角色在舞台中的坐标。图中小猫在舞台中的坐标是（0,0），说明小猫在舞台中心位置。

图中小猫在舞台中的坐标是（132,103），说明小猫分别向右侧移动了132，向上移动了103，到了舞台右上角的位置。

图 1-19　小猫移动后的坐标

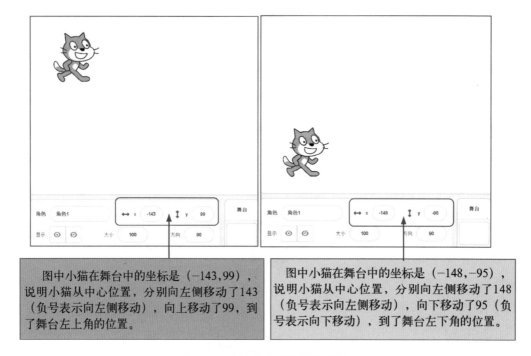

图中小猫在舞台中的坐标是（−143,99），说明小猫从中心位置，分别向左侧移动了143（负号表示向左侧移动），向上移动了99，到了舞台左上角的位置。

图中小猫在舞台中的坐标是（−148,−95），说明小猫从中心位置，分别向左侧移动了148（负号表示向左侧移动），向下移动了95（负号表示向下移动），到了舞台左下角的位置。

图 1-19　小猫移动后的坐标（续）

2．"背景"标签页

在舞台的下方有舞台背景缩略图，舞台上的图像称为背景，每个背景也有专属于自己的脚本、声音。一个新的 Scratch 作品默认包含一个全白的背景，可以通过图 1-20 所示的工具按钮添加新的背景图片。

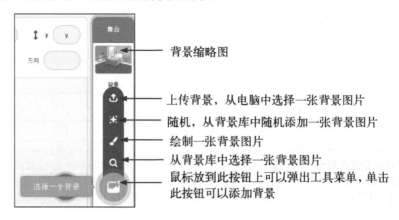

图 1-20　背景设置

当单击上图中的背景缩略图时，Scratch 3.5 的标签页会发生变化，原来的"造型"标签会变为"背景"标签，如图 1-21 所示。

图 1-21 切换到"背景"标签页

可以通过"背景"标签页来修改背景图片。在 Scratch 的"背景"标签页中，可以看到当前所有的背景，并且可以对背景进行修改，如重新填充颜色、输入文字、绘制图形等。想对背景进行编辑，首先单击背景缩略图，然后单击"背景"标签页，如图 1-22 所示。

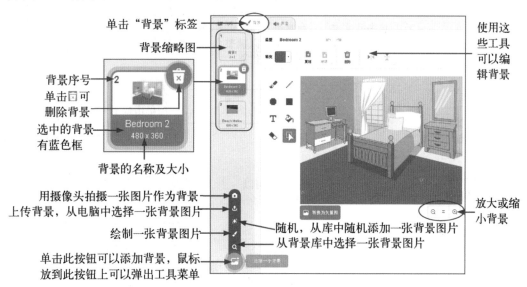

图 1-22 背景标签页

用鼠标右键单击（以下简称右击）背景缩略图，会弹出一个菜单，菜单中包含 3 个选项：复制、导出、删除，如图 1-23 所示。

3.角色列表

在 Scratch 中，所有的角色名称及其缩略图都会显示在角色列表中。一个新的

Scratch 作品默认包含一个白色的舞台和一只猫咪的角色，如图 1-24 所示。

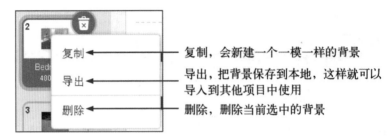

图 1-23　背景缩略图右键菜单

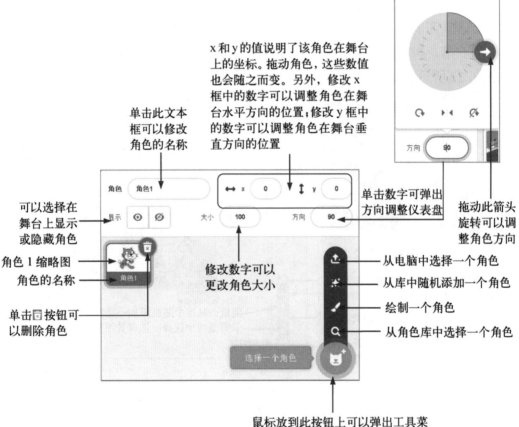

图 1-24　角色列表

每个角色都有专属于自己的脚本、造型、声音。有两种方法可以查看它们：
一是单击角色列表中的角色缩略图；二是双击舞台中的角色。当前已经选中的角色在角色列表中会以蓝框显示。若右击角色的缩略图，会弹出图1-25所示的菜单。

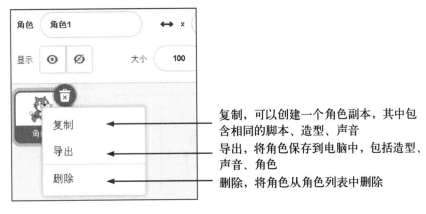

图1-25 角色菜单

4．指令积木区

Scratch 3.5 中的指令积木块分为12个模块：动作、外观、声音、事件、控制、侦测、运算、变量、画笔、音乐、视频侦测以及自制积木。其中画笔、音乐、视频侦测属于扩展积木块，需要添加才能显示。不同模块的指令积木块用不同的颜色标记，这样就能快速查找到某个指令积木块了，如图1-26所示。

可以试着单击某个指令积木块。例如，当单击了"运动"模块中的"右转15度"指令积木块，角色将会在舞台上向右转动15°。再次单击，角色会继续向右转15°。单击"外观"模块中的"说你好! 2秒"指令积木块，角色就会在说话气泡中显示"你好!"两秒钟。

有些指令积木块可以修改积木块的参数，比如，刚才提到的"右转15度"积木块中的数字15就是一个参数。修改参数有多种方式，如图1-27所示。

5．脚本区

如果想让角色动起来，就需要给角色编写程序代码。编程前先选择相应的角色或舞台，然后把指令积木块从指令积木区拖动到脚本区，最后将他们连接在一起。如果指令积木块拖动到脚本区靠近另一个积木块有灰色提示时，说明当前积木块可以和靠近的积木块形成有效的连接，如图1-28所示。

当前选中的指令积木
块呈灰色底纹显示

不同颜色的圆形表示
不同指令积木块

右侧为当前选中的模
块中的指令积木块

单击"添加扩展"按
钮可以添加音乐、画
笔、视频侦测积木块

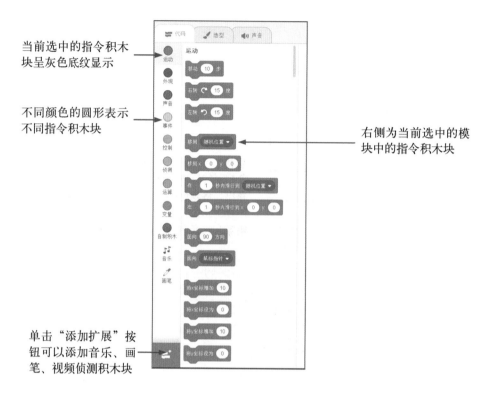

图1-26　指令积木区

第一种方式如积木"右
转15度"，可以直接单击
数字15的白色区域，然后
直接输入新的数字。注意
单击时鼠标指针会变成
"I"形状。

第二种方式如积木"面
向90方向"，可以直接单
击数字90的白色区域，
弹出仪表盘，然后拖动
仪表盘中的箭头调整
参数。

第三种方式如积木"面
向鼠标指针"，单击下拉
按钮就能打开下拉菜单，
可以选择一个作为参数。

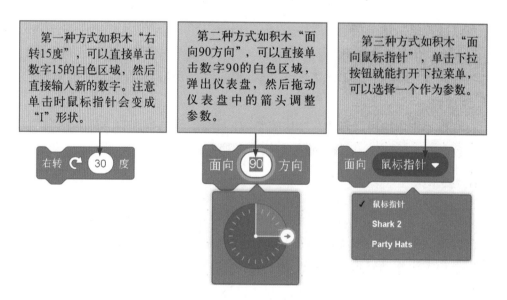

图1-27　修改参数

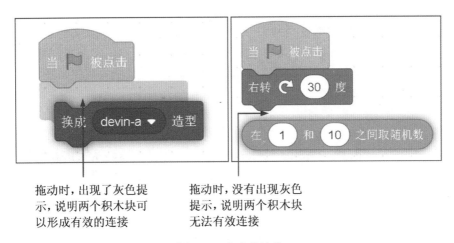

拖动时，出现了灰色提示，说明两个积木块可以形成有效的连接

拖动时，没有出现灰色提示，说明两个积木块无法有效连接

图 1-28　积木块连接

在创建脚本时，通常并不是将所有的积木块拖动完后才运行，可以在创建脚本的过程中不断地进行测试。单击某段脚本的任意一块积木块，这段脚本所有的积木块就会运行。

如果要移动某段脚本积木块，应当拖动该脚本最上面的一块积木块。拖动下面的积木块会将脚本积木块分离成两个部分，如图 1-29 所示。

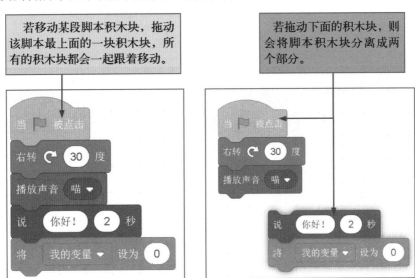

若移动某段脚本积木块，拖动该脚本最上面的一块积木块，所有的积木块都会一起跟着移动。

若拖动下面的积木块，则会将脚本积木块分离成两个部分。

图 1-29　移动脚本积木

这种拖动方式便于逐步建立自己的项目：每次只编写部分脚本并进行测试，看看运行结果是否符合自己的想法，最后把各部分积木块连成一个更大的脚本。

如何把当前角色的脚本复制到另一个角色中？复制脚本时，只需把当前角色的脚本积木块拖动到角色列表中另一个角色的缩略图上即可，如图 1-30 所示。

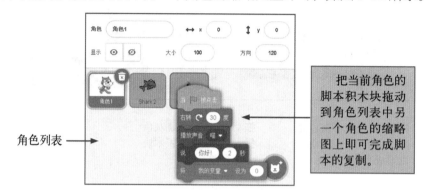

图 1-30　复制脚本

6."造型"标签页

可以通过改变角色的造型来改变角色的外观。在 Scratch 的"造型"标签页中，可以看到当前角色的所有造型，并且可以对造型进行修改，如重新填充颜色、调整造型的动作等。想查看或改变角色的造型，首先在角色列表中选中角色，然后单击"造型"标签，如图 1-31 所示。

右击造型缩略图，会弹出一个菜单，菜单中包含 3 个选项，如图 1-32 所示。

7."声音"标签页

"声音"标签页主要来管理角色播放的声音。为了让程序更加有趣，我们通常会使用各种音效和背景音乐，如图 1-33 所示。Scratch 允许对声音进行编辑，先选中角色，然后单击"声音"标签，可以打开"声音"标签页对声音进行编辑。

右击声音缩略图，你会看到一个菜单，菜单中包含 3 个选项，如图 1-34 所示。

8.菜单栏

Scratch 顶部的菜单栏如图 1-35 所示。地球按钮可以让 Scratch 切换成不同的语言；"文件"菜单中可以创建新的作品、从电脑中上传作品、将作品保存到电脑；"编辑"菜单中，"复原删除的造型"可以将上一步误删的造型还原回来，"打开加速模式"可以增加某些积木块的执行速度；"教程"菜单可以打开 Scratch 自带的教程。

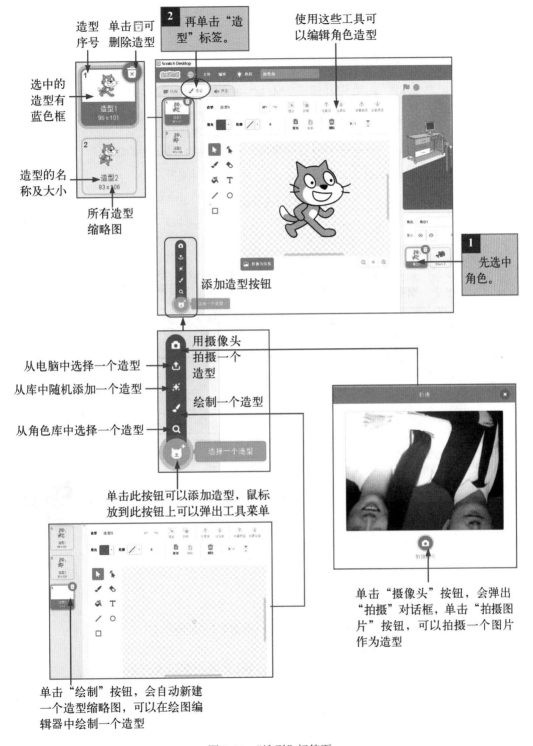

造型序号　单击 🗑 可删除造型

② 再单击"造型"标签。

使用这些工具可以编辑角色造型

选中的造型有蓝色框

造型的名称及大小

所有造型缩略图

添加造型按钮

① 先选中角色。

用摄像头拍摄一个造型

从电脑中选择一个造型

从库中随机添加一个造型

绘制一个造型

从角色库中选择一个造型

单击此按钮可以添加造型，鼠标放到此按钮上可以弹出工具菜单

单击"摄像头"按钮，会弹出"拍摄"对话框，单击"拍摄图片"按钮，可以拍摄一个图片作为造型

单击"绘制"按钮，会自动新建一个造型缩略图，可以在绘图编辑器中绘制一个造型

图1-31 "造型"标签页

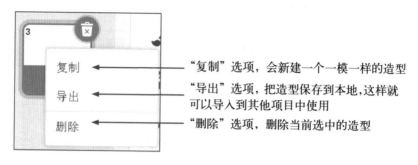

"复制"选项，会新建一个一模一样的造型

"导出"选项，把造型保存到本地,这样就可以导入到其他项目中使用

"删除"选项，删除当前选中的造型

图 1-32 造型右键菜单

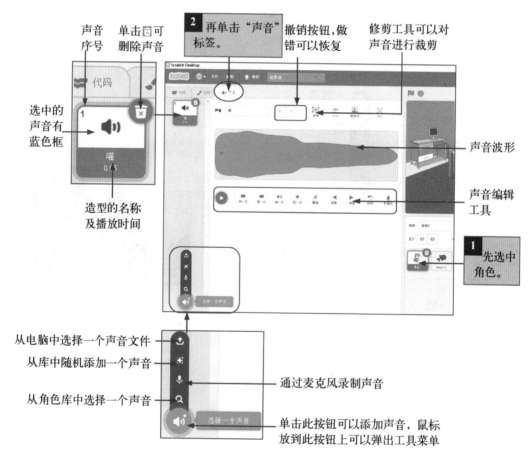

图 1-33 "声音"标签页

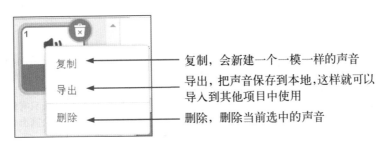

复制，会新建一个一模一样的声音

导出，把声音保存到本地,这样就可以导入到其他项目中使用

删除，删除当前选中的声音

图1-34 "声音"右键菜单

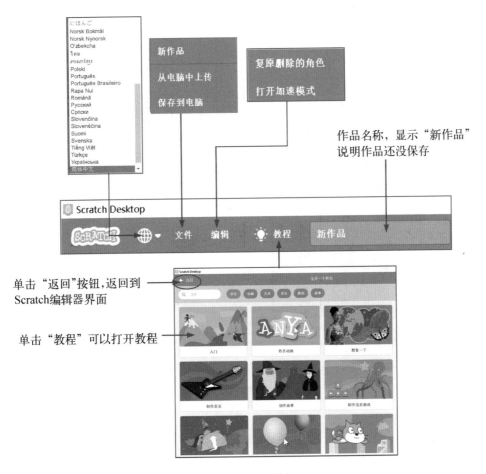

图1-35 菜单栏

9. 绘图编辑器

使用绘图编辑器可以创建或编辑角色造型、背景。当单击角色列表中新建角色

工具中的"绘制"工具时，或单击"造型"标签时，会打开绘图编辑器，如图 1-36 所示。

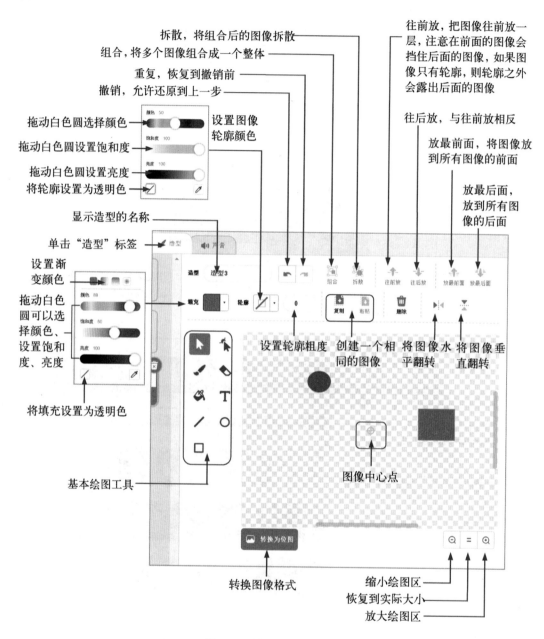

图 1-36　绘图编辑器

当两张图像发生重叠时，上面的图像（前面的）会挡住下面的图像（后面的）。同理，角色也会挡住舞台背景。如何才能看到被角色挡住的背景呢？这时需要在绘图编辑器中设置透明色。设置方法为：选中图像，然后单击"填充"按钮，再单击 / 按钮（透明色），图 1-37 所示为设置透明色之后的变化。

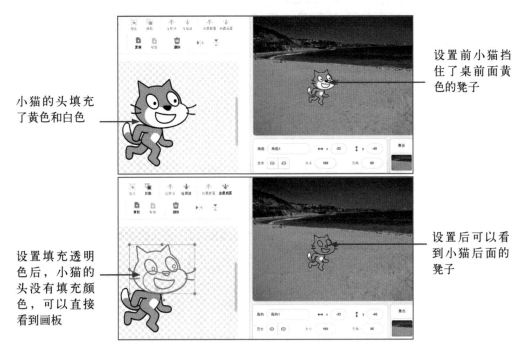

小猫的头填充了黄色和白色

设置前小猫挡住了桌前面黄色的凳子

设置填充透明色后，小猫的头没有填充颜色，可以直接看到画板

设置后可以看到小猫后面的凳子

图 1-37 设置透明色

如图 1-38a 所示，直线在长方形和圆形上面，长方形在圆形上面。之后，选择长方形，然后单击"往前放"按钮后，变为了图 1-38b 所示的形状。即直线在长方形下面，在圆形上面，直线有一部分被长方形挡住。

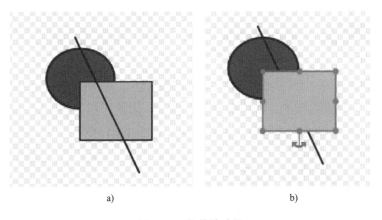

a)   b)

图 1-38 往前放功能

1.3 编写第一个 Scratch 3.5 小程序

本节将会带你编写第一个小程序，通过该小程序的编写，你将掌握 Scratch 3.5 的基本编程方法。

1.3.1 如何让程序开始执行

在 Scratch 中，通常用运行按钮来作为整个脚本开始执行的控制开关，单击绿旗，开始运行编写的 下面的脚本，如图 1-39 所示。

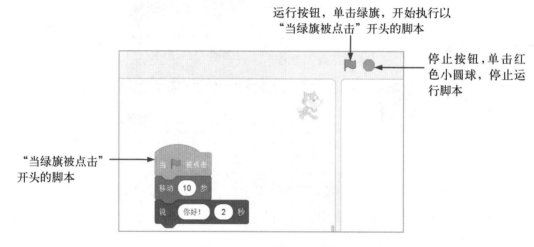

图 1-39 单击绿旗开始执行

除了将 作为开头积木块外，还可以将 、 等作为开头积木块，如图 1-40 所示。

通过观察上面 3 个开头积木块，发现它们有什么共同特征了吗？对了，就是它们的"头顶"都是圆弧状的，就像戴了一顶帽子。因此在指令积木区，如果看到"戴帽子"的积木块，它就可以作为开头积木块，如图 1-41 所示。

1.3.2 小猫散步小程序

扫码观看视频

讲了这么多，是不是大家已经急不可耐，想一显身手了？接下来先来试试手，让 Scratch 3.5 中的小猫动起来，如图 1-42 所示。

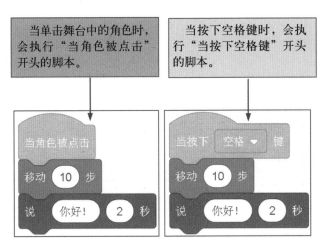

图 1-40 以其他开头的积木块

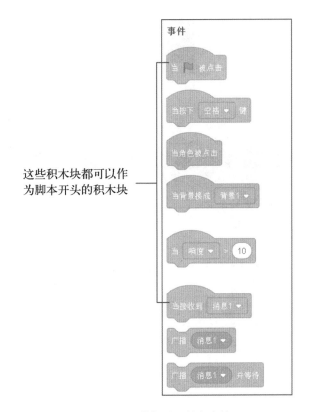

图 1-41 "戴帽子"的积木块

2 打开Scratch编辑器后，会自动新建一个项目，此项目中默认包含一个小猫角色和一个白色的背景。

1 双击桌面的"Scratch Desktop"快捷方式，打开Scratch 3.5编辑器。

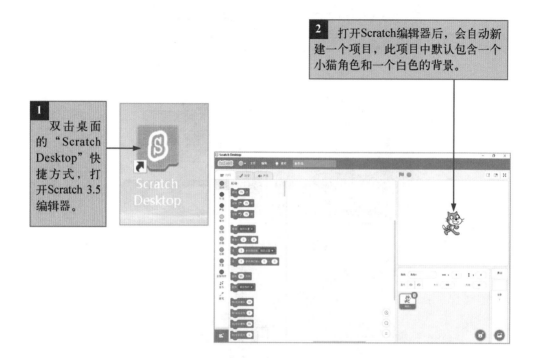

3 在指令积木区单击黄色的"事件"按钮。让指令积木区显示"事件"指令积木块。

4 将"当绿旗被点击"积木块拖动到脚本区。

被拖动到脚本区的积木块

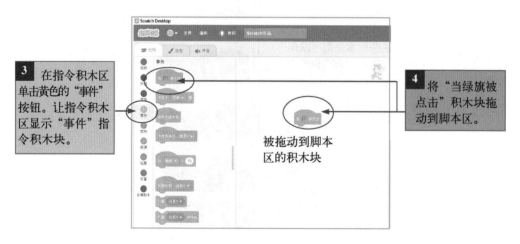

图1-42　小猫散步

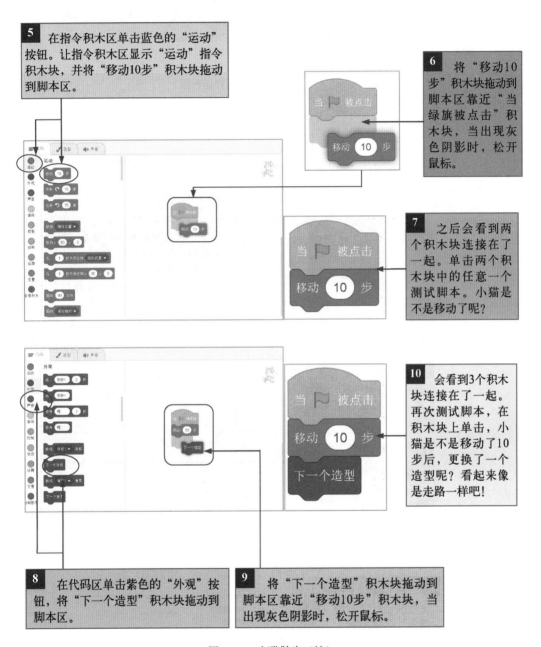

5 在指令积木区单击蓝色的"运动"按钮。让指令积木区显示"运动"指令积木块，并将"移动10步"积木块拖动到脚本区。

6 将"移动10步"积木块拖动到脚本区靠近"当绿旗被点击"积木块，当出现灰色阴影时，松开鼠标。

7 之后会看到两个积木块连接在了一起。单击两个积木块中的任意一个测试脚本。小猫是不是移动了呢？

10 会看到3个积木块连接在了一起。再次测试脚本，在积木块上单击，小猫是不是移动了10步后，更换了一个造型呢？看起来像是走路一样吧！

8 在代码区单击紫色的"外观"按钮，将"下一个造型"积木块拖动到脚本区。

9 将"下一个造型"积木块拖动到脚本区靠近"移动10步"积木块，当出现灰色阴影时，松开鼠标。

图1-42 小猫散步（续）

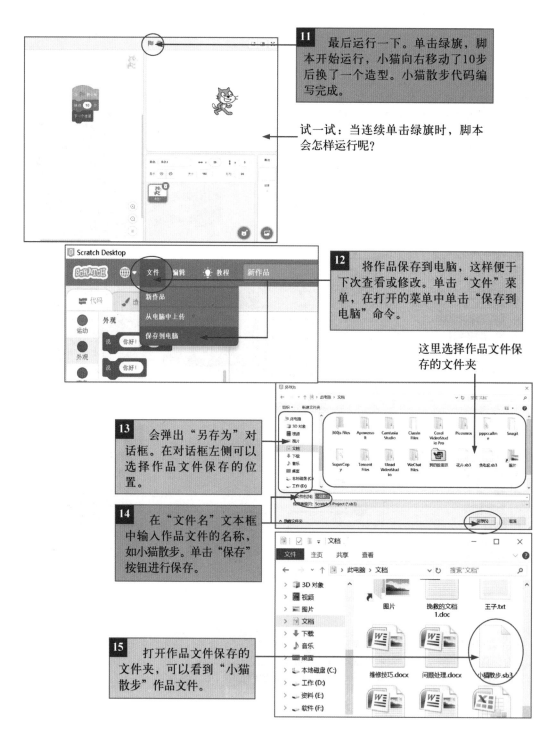

11 最后运行一下。单击绿旗,脚本开始运行,小猫向右移动了10步后换了一个造型。小猫散步代码编写完成。

试一试:当连续单击绿旗时,脚本会怎样运行呢?

12 将作品保存到电脑,这样便于下次查看或修改。单击"文件"菜单,在打开的菜单中单击"保存到电脑"命令。

这里选择作品文件保存的文件夹

13 会弹出"另存为"对话框。在对话框左侧可以选择作品文件保存的位置。

14 在"文件名"文本框中输入作品文件的名称,如小猫散步。单击"保存"按钮进行保存。

15 打开作品文件保存的文件夹,可以看到"小猫散步"作品文件。

图1-42 小猫散步(续)

1.4 课后任务

▶ 1.4.1 一起做游戏

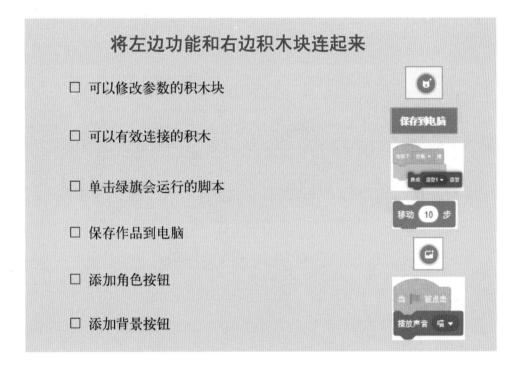

▶ 1.4.2 课后练习

1）自己新建一个 Scratch 作品，让小猫向前走 10 步，然后说"你好！" 2 秒钟。

2）为自己的新作品起一个名字，然后保存到电脑中。

故事大王讲故事

✕✕✕✕✕✕

课程内容

在这节课中我们将制作一个故事大王，他上台准备为大家讲述一个精彩的故事。在讲故事时，由于紧张他忘词了，不过经过一番努力他讲完了整个故事。

知识点

（1）设置背景

（2）添加角色

（3）设置角色造型

（4）添加文本

（5）测试脚本

用到的基本指令

（1）当绿旗被点击

（2）换成…造型

（3）说你好！2 秒

（4）思考嗯…2 秒

（5）移动 10 步

2.1 程序编写分析

1. 故事与玩法要求

Devin 是班里的故事大王，有一天他站到剧场的舞台上，要给大家讲故事，但是站上去之后由于紧张，他忘了要讲什么故事了。然后他开始思考："讲一个什么故事呢？"，想了一会，他想起来了，接着他开始生动地讲起了故事："兔妈妈有三个孩子，一个叫红眼睛，一个叫长耳朵，一个叫短尾巴……"，如图 2-1 所示。

Devin从舞台左侧向大家打招呼，并走到舞台的中央，他想了想，若有所思，然后开始讲起了故事。

兔妈妈有三个孩子，一个叫红眼睛，一个叫长耳朵，一个叫短尾巴……

图 2-1 玩法要求

2. 程序演示及行为规则分析

行为规则分析如图 2-2 所示（扫码观看程序演示视频）。

扫码观看视频

3. 背景、角色分析

在正式制作程序前，请先分析一下程序中需要几个背景、总共有几个角色、几个造型，如图 2-3 所示。

1 当单击绿旗时，Devin站在舞台左侧，举起手向大家打招呼。

大家好，我给大家讲一个故事。

2 Devin走到舞台的中央，他手放到下巴上思考："讲一个什么故事呢？"

讲一个什么故事呢？

3 突然，Devin 想起来要讲的故事了，他放下手，小声"啊"了一声。

啊

4 Devin开始生动地讲起大灰狼和小白兔的故事，他边讲边做手势。

兔妈妈有三个孩子，一个叫红眼睛，一个叫长耳朵，一个叫短尾巴……

图 2-2　行为规则分析

程序中只有Devin一个人，所以共有1个角色。总共换了1个动作，共有4个造型。

大家好，我给大家讲一个故事。

程序中需要一个舞台的背景。

图 2-3　程序背景和角色分析

扫码观看视频

2.2 给舞台添加背景

制作程序的第一步，先删除不用的小猫，然后添加需要的背景，如图 2-4 所示。

1 先单击角色区的小猫，再单击小猫右上角的 🗑 按钮，即可删除小猫。也可以右击小猫，会弹出一个菜单，单击"删除"命令，即可删除小猫。

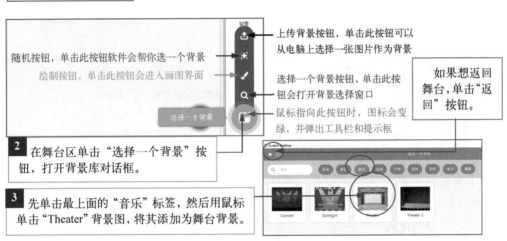

随机按钮，单击此按钮软件会帮你选一个背景

绘制按钮，单击此按钮会进入画图界面

上传背景按钮，单击此按钮可以从电脑上选择一张图片作为背景

选择一个背景按钮，单击此按钮会打开背景选择窗口

鼠标指向此按钮时，图标会变绿，并弹出工具栏和提示框

如果想返回舞台，单击"返回"按钮。

2 在舞台区单击"选择一个背景"按钮，打开背景库对话框。

3 先单击最上面的"音乐"标签，然后用鼠标单击"Theater"背景图，将其添加为舞台背景。

图 2-4　添加背景

2.3 在舞台中加入故事角色

背景添加好后，接下来开始添加角色，如图 2-5 所示。

扫码观看视频

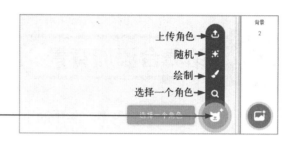

1 用鼠标单击角色区的"选择一个角色"按钮。

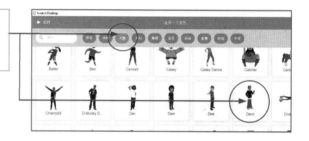

2 在角色选择面板单击"人物"标签。然后用鼠标直接单击"Devin"，即可将其添加到舞台。

添加到舞台的"Devin"角色

背景缩略图

在角色区可以看到添加的角色缩略图

图 2-5　添加角色

2.4 让 Devin 和剧场大小协调

角色添加到舞台之后，角色的大小可能与背景图像大小不协调，需要调整一下角色的大小，使其与背景图像相协调，如图 2-6 所示。

扫码观看视频

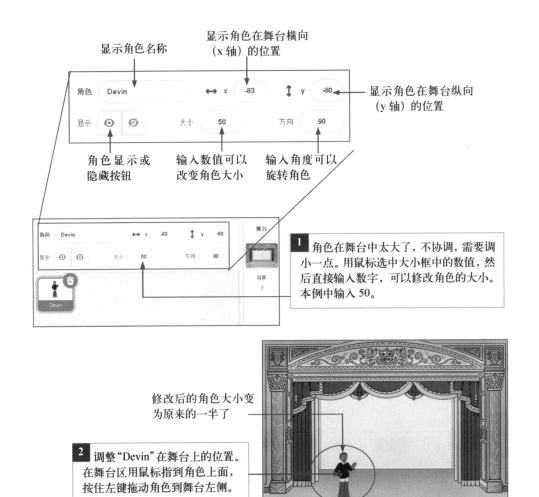

显示角色名称

显示角色在舞台横向
（x 轴）的位置

显示角色在舞台纵向
（y 轴）的位置

角色显示或
隐藏按钮

输入数值可以
改变角色大小

输入角度可以
旋转角色

1 角色在舞台中太大了，不协调，需要调小一点。用鼠标选中大小框中的数值，然后直接输入数字，可以修改角色的大小。本例中输入 50。

修改后的角色大小变
为原来的一半了

2 调整"Devin"在舞台上的位置。在舞台区用鼠标指到角色上面，按住左键拖动角色到舞台左侧。

图 2-6　调整角色大小

2.5　将 Devin 变成故事大王

扫码观看视频

角色和背景添加好，并调整好位置后，接下来开始为角色编写代码，如图 2-7所示。

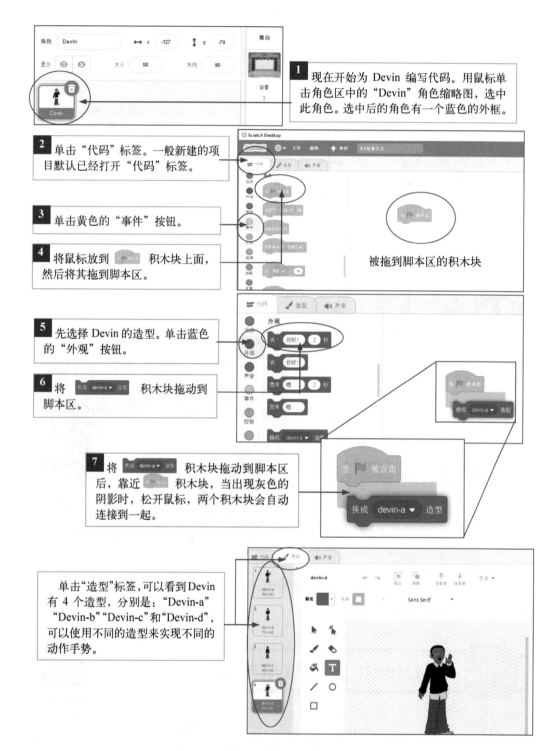

1 现在开始为 Devin 编写代码。用鼠标单击角色区中的"Devin"角色缩略图,选中此角色。选中后的角色有一个蓝色的外框。

2 单击"代码"标签。一般新建的项目默认已经打开"代码"标签。

3 单击黄色的"事件"按钮。

4 将鼠标放到 积木块上面,然后将其拖到脚本区。

被拖到脚本区的积木块

5 先选择 Devin 的造型。单击蓝色的"外观"按钮。

6 将 换成 devin-a ▾ 造型 积木块拖动到脚本区。

7 将 换成 devin-a ▾ 造型 积木块拖动到脚本区后,靠近 积木块,当出现灰色的阴影时,松开鼠标,两个积木块会自动连接到一起。

单击"造型"标签,可以看到 Devin 有 4 个造型,分别是:"Devin-a""Devin-b""Devin-c"和"Devin-d",可以使用不同的造型来实现不同的动作手势。

图 2-7 给 Devin 编程

8 将"外观"按钮下的 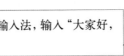 积木块拖动到脚本区。并与"换成 devin-a 造型"积木块相连。将鼠标放到"你好!"文字上方，鼠标变为"I"形状时单击鼠标，这时"你好!"下面会出现蓝色底纹，表示可以对参数进行编辑了。

9 将输入法切换为中文输入法，输入"大家好，我给大家讲一个故事"。

10 让 Devin 走到舞台的中央。单击蓝色的"运动"按钮。将 积木块拖动到脚本区，与之前的积木块连接在一起。将鼠标放到数字"10"的上方单击，这时"10"下面会出现蓝色底纹，表示可以对参数进行编辑了。

提示：编写代码时，可以单击积木块测试一下，看看走多少步比较理想。

11 输入"150"，将积木块参数修改为150。

12 为第 2 个造型编程，单击蓝色的"外观"按钮，然后将 积木块拖到脚本区。当靠近 积木块出现灰色阴影时，松开鼠标使积木块连接在一起。

13 单击"devin-a"右侧的下拉按钮，然后单击弹出的下拉菜单中的"devin-b"即选择了造型"devin-b"。

图 2-7　给 Devin 编程（续）

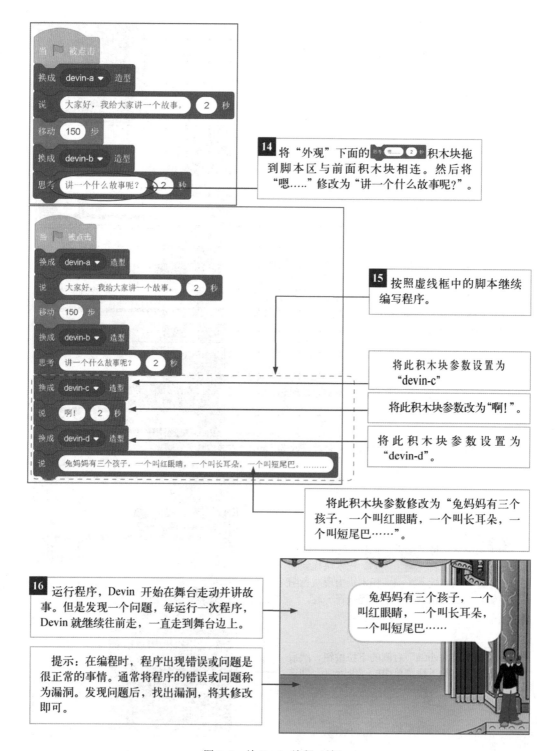

14 将"外观"下面的 积木块拖到脚本区与前面积木块相连。然后将"嗯……"修改为"讲一个什么故事呢?"。

15 按照虚线框中的脚本继续编写程序。

将此积木块参数设置为"devin-c"。

将此积木块参数改为"啊!"。

将此积木块参数设置为"devin-d"。

将此积木块参数修改为"兔妈妈有三个孩子,一个叫红眼睛,一个叫长耳朵,一个叫短尾巴……"。

16 运行程序,Devin 开始在舞台走动并讲故事。但是发现一个问题,每运行一次程序,Devin 就继续往前走,一直走到舞台边上。

提示:在编程时,程序出现错误或问题是很正常的事情。通常将程序的错误或问题称为漏洞。发现问题后,找出漏洞,将其修改即可。

图 2-7　给 Devin 编程(续)

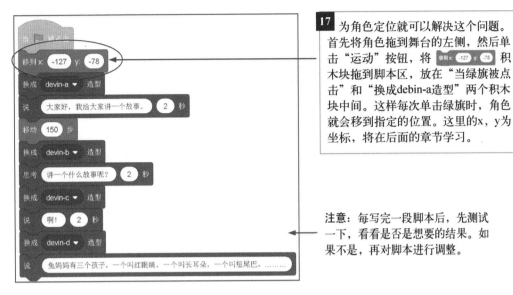

17 为角色定位就可以解决这个问题。首先将角色拖到舞台的左侧，然后单击"运动"按钮，将 移到x: -127 y: -78 积木块拖到脚本区，放在"当绿旗被点击"和"换成debin-a造型"两个积木块中间。这样每次单击绿旗时，角色就会移到指定的位置。这里的x，y为坐标，将在后面的章节学习。

注意： 每写完一段脚本后，先测试一下，看看是否是想要的结果。如果不是，再对脚本进行调整。

图 2-7　给 Devin 编程（续）

2.6 课后任务

本节任务

完成自己的《故事大王讲故事》，用自己喜欢的故事大王来讲一个自己熟悉的故事。

拓展任务

在 Devin 忘记讲什么故事思考的时候，在剧场中间来回走了两小圈，才想起来要讲的故事。在脚本中加入来回走两小圈的脚本。提示：结合"右转 15 度"和"左转 15 度"积木块。

第2篇 初级编程篇

本篇更深入地讲解 Scratch 的用法，通过对实例的学习，掌握 Scratch 软件中坐标、图层、循环、循环嵌套、运动等模块的用法。本篇主要针对对 Scratch 编程软件有一定基础的读者。

本篇内容：

第3章：换装游戏。将编写一个玩家参与的换装游戏。通过对编写游戏过程的学习，掌握图层的基本用法，掌握坐标的基本知识，掌握绘图工具的使用方法，掌握按钮的制作方法，掌握角色移动的基本操作等。

第4章：舞林大赛。将编写一个玩家参与的舞林大赛的游戏。通过学习此章，掌握循环的应用方法，掌握设置灯光闪烁的方法，掌握动画实现的技巧，掌握游戏提示的制作方法等。

换装游戏

× × × × × ×

课程内容

在这节课中我们将会制作一个换装游戏，这样，小芳可以挑选自己喜欢的衣服了。

 知识点

（1）图层
（2）角色坐标
（3）广播
（4）复制代码
（5）复制积木块

 用到的基本指令

（1）当绿旗被点击
（2）当角色被点击
（3）在1秒内滑行到 x：y：
（4）移到最前面
（5）移到 x：y：
（6）播放声音
（7）显示
（8）广播消息
（9）当接收到消息

3.1 游戏制作分析

扫码观看视频

1. 故事与玩法要求

小芳准备参加一个朋友聚会，她想穿得漂漂亮亮地去参加聚会，但她不知道穿什么衣服最漂亮。她把衣服都摆出来，想让朋友来帮她选衣服，如图3-1所示。

> 小芳不知道穿什么衣服参加聚会，需要朋友帮她选衣服，让她看起来更漂亮。

图3-1 玩法要求

2. 程序演示

程序演示如图3-2所示。

3. 背景、角色分析

在正式制作程序前，请先分析一下程序中需要几个背景、总共有几个角色、几个造型，如图3-3所示。

4. 行为、规则分析

所有角色行为、规则分析如图3-4所示。

超好玩的Scratch 3.5少儿编程

1 当单击绿旗时，小芳向大家打招呼"嗨！我是小芳！我要参加聚会，请帮我选衣服吧！"。

2 当单击右侧的衣服时，单击的衣服会自动穿到小芳的身上。

3 当单击另一件衣服时，衣服会自动穿到小芳身上，如果此时小芳身体相同部位已经穿了衣服，则原先的衣服会自动回到衣服架上。

4 当单击"重做"按钮时，小芳身上所有的衣服都移回到衣服架上。

图 3-2　程序演示

程序中有1个人物，9件衣服，1个衣服架，1个按钮，所以共12个角色。每个角色使用了一个造型。

程序中有一个家的背景。

图 3-3　程序背景和角色分析

54

当单击黄色的帽子时，帽子从衣服架上移动到小芳头上。

当单击蓝色裙子时，蓝色裙子从衣服架上移动到小芳身上。

当单击粉色裙子时，粉色裙子从衣服架上移动到小芳身上，同时，蓝色裙子从小芳身上移动到衣服架上。

当单击"重做"按钮时，按钮变大再变小，同时，小芳身上所有衣服都移动到衣服架上。

图 3-4　行为和规则分析

3.2 难点解析之坐标、图层

（1）坐标

Scratch 3.5 中，一个角色的坐标就代表该角色在画板上的位置。在一个平面画板上，要确定一个角色的位置就需要有两个指标——它在水平（左右）方向的位置和垂直（上下）方向的位置，分别用 x 坐标和 y 坐标表示。

下面先用一个简化版的坐标图来学习坐标位置。通过练习让少儿掌握动物（小鸟和绿猪）的坐标，如图 3-5 所示。

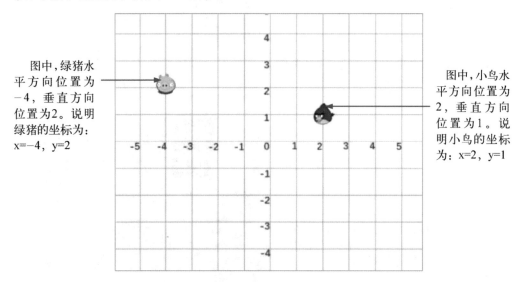

图中，绿猪水平方向位置为 −4，垂直方向位置为2。说明绿猪的坐标为：x=−4, y=2

图中，小鸟水平方向位置为 2，垂直方向位置为1。说明小鸟的坐标为：x=2, y=1

图 3-5　小鸟和绿猪的坐标

在 Scratch 3.5 中规定画板中心点的坐标是 x=0,y=0。中心点向右的 x 坐标是正数；中心点向左的 x 坐标是负数；中心点向上的 y 坐标是正数；中心点向下的 y 坐标是负数。

角色的坐标可以通过角色属性来查看，如图 3-6 所示。

（2）图层

什么是图层呢？打个比方：在一张张透明的玻璃纸上作画，透过上面的玻璃纸可以看见下面纸上的内容，但是无论在上一层上如何涂画都不会影响到下面的玻璃纸，上面一层会遮挡住下面的图像。最后将玻璃纸叠加起来，通过移动各层玻璃纸的相对位置或者添加更多的玻璃纸即可改变最后的合成效果。

如图 3-7 所示的图中，人在一个图层，粉色裙子在另一个图层，当粉色裙子移动到人上面时，会挡住人的身体。即挡住后，就看不见人身上的白色背心和短裤了。说明粉色裙子在上面，人在下面。

在 Scratch 3.5 中，主要通过 移到最 前面▼ 和 前移▼ ① 层 两个指令积木块来调整角色的图层。

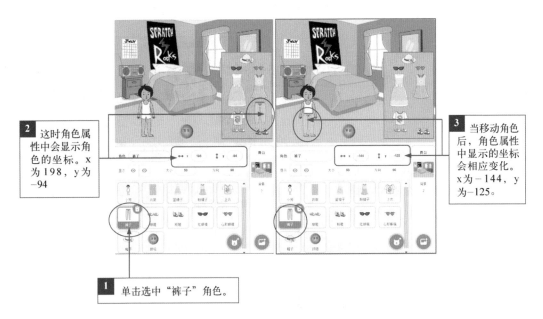

2 这时角色属性中会显示角色的坐标。x 为 198，y 为 −94

3 当移动角色后，角色属性中显示的坐标会相应变化。x 为 −144，y 为−125。

1 单击选中"裤子"角色。

图 3-6　查看角色坐标

人在一个图层

粉色裙子在另一个图层

粉色裙子移动到和人一起时，上面图层的粉色裙子会挡住下面图层的人。

假如想让人全部显示，就需要将人的图层移动到最上面。

图 3-7　图层

3.3 选择一个喜欢的卧室背景

制作程序的第一步，先删除不用的小猫，然后添加需要的背景，如图 3-8 所示。

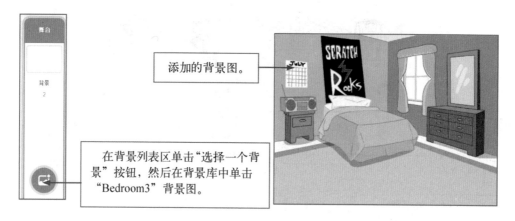

添加的背景图。

在背景列表区单击"选择一个背景"按钮，然后在背景库中单击"Bedroom3"背景图。

图 3-8　添加背景

3.4　加入主人公小芳

背景添加好后，接下来开始添加角色小芳，如图 3-9 所示。

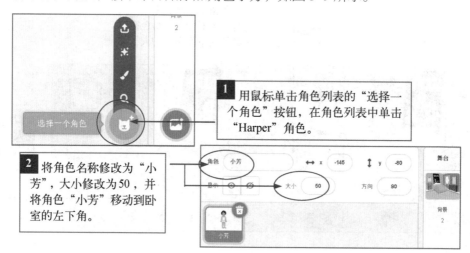

1 用鼠标单击角色列表的"选择一个角色"按钮，在角色列表中单击"Harper"角色。

2 将角色名称修改为"小芳"，大小修改为50，并将角色"小芳"移动到卧室的左下角。

图 3-9　添加角色

3.5　创建衣架

扫码观看视频

游戏中的衣架，可以从电脑中上传一张图片，也可以用绘图工具绘制一个，如

图 3-10 所示。

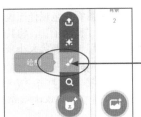

1 用鼠标指向角色列表中"选择一个角色"按钮，从打开的菜单中，单击"绘制"按钮。创建一个新角色，然后将角色名称修改为"小芳"。

2 单击"矩形"工具按钮，再单击"填充"右侧的下拉按钮，在打开的调色板中，拖动颜色、饱和度、亮度条上的圆球来选择颜色。再单击"轮廓"右侧的下拉按钮，调整轮廓的颜色，将线条粗度调整为4。在画板上拖动出一个矩形框。

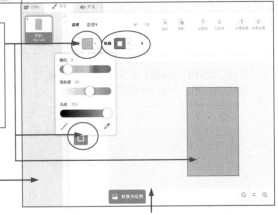

小技巧： 单击 ✎ 按钮，将图形填充色变为透明，即无色。图形变透明后，下层中的角色或背景会显示出来。

小技巧： 吸管工具 ✎ ，可以用来选择绘图板上的颜色，并应用于轮廓。

图 3-10 创建衣架

3.6 给衣架放置衣物

衣架准备好后，接下来可以给衣架放置衣物了，如图 3-11 所示。   扫码观看视频

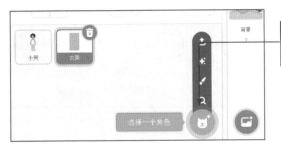

1 首先在角色列表单击"选择一个角色"按钮，然后在角色库中，单击"Dress"角色。

图 3-11 添加衣服角色

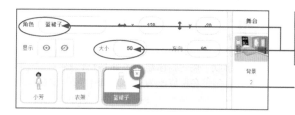

2 在角色属性面板中，将角色名称修改为"蓝裙子"，将其大小调整为50（大小可以根据舞台大小来调整）。

小技巧：如果添加的角色不是图中的蓝色裙子，可以打开"造型"标签，选择蓝裙子的造型，即 derss-a 造型。

3 用复制角色的方法来创建一个新角色。右击"蓝裙子"角色，然后单击弹出菜单中的"复制"命令，即可复制一个角色。

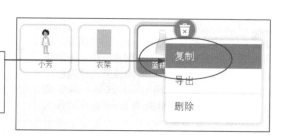

4 选择一个粉裙子的造型。单击"造型"标签，然后单击"deress-c"造型。

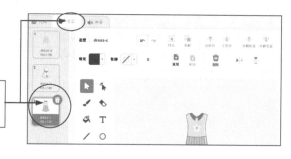

5 在角色属性面板中，将角色名称修改为"粉裙子"。

6 继续添加衣服。单击"选择一个角色"按钮，在角色库中，单击"Shirt"角色。接着在角色属性面板中，将角色名称修改为"上衣"，将其大小调整为50。

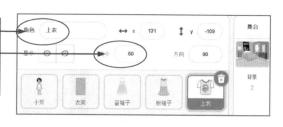

图 3-11 添加衣服角色（续）

7 单击"选择一个角色"按钮。在角色库中，单击"Pants"角色。接着在角色属性面板中，将角色名称修改为"裤子"，将其大小调整为50。然后单击"造型"标签，再单击选择"Pants-b"造型。

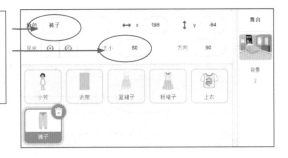

8 用上面添加角色的方法分别将角色库中的"Shoes""Sunglasses1""Glasses""Hat"角色添加到角色列表中。"Shoes"角色添加两次，名称分别修改为"绿鞋"和"粉鞋"，"绿鞋"造型设置为"Shoes-a"造型，"粉鞋"造型设置为"Shoes-c"造型；"Sunglasses1"角色名称修改为"红眼镜"；"Glasses"角色名称修改为"心形眼镜"，造型设置为"Glasses-c"；"Hat"角色名称修改为"帽子"，造型设置为"Hat-d"，并将它们的大小都设置为50。

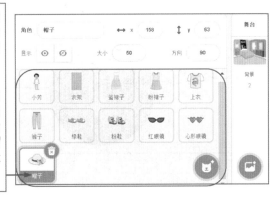

9 将添加的角色分别放到图中的位置并排列整齐。

图 3-11　添加衣服角色（续）

3.7 制作"重做"按钮

扫码观看视频

当在游戏中对搭配的衣服不满意想重新搭配时，可以通过"重做"按钮使衣服都回到衣架上，如图 3-12 所示。

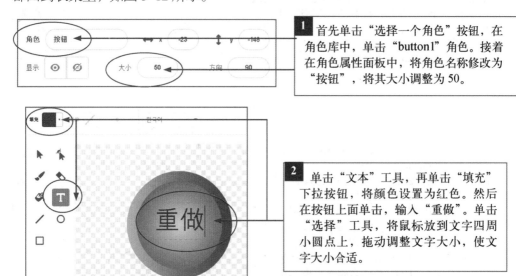

1　首先单击"选择一个角色"按钮，在角色库中，单击"button1"角色。接着在角色属性面板中，将角色名称修改为"按钮"，将其大小调整为 50。

2　单击"文本"工具，再单击"填充"下拉按钮，将颜色设置为红色。然后在按钮上面单击，输入"重做"。单击"选择"工具，将鼠标放到文字四周小圆点上，拖动调整文字大小，使文字大小合适。

图 3-12　"重做"按钮

3.8　游戏开始时让小芳向大家打招呼

　　下面正式开始编写脚本。首先给小芳编写脚本，让其在单击绿旗时说："嗨！我是小芳，我要参加聚会，请帮我选衣服吧！"，如图 3-13 所示。

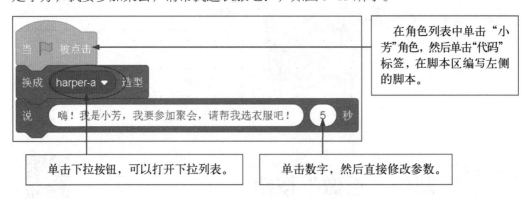

在角色列表中单击"小芳"角色，然后单击"代码"标签，在脚本区编写左侧的脚本。

单击下拉按钮，可以打开下拉列表。

单击数字，然后直接修改参数。

图 3-13　给小芳编写代码

3.9 给"重做"按钮编程

扫码观看视频

当运行游戏单击"重做"按钮时，按钮会变大再变小，同时用户给小芳穿的所有衣服都必须放回到衣架上，如图3-14所示。

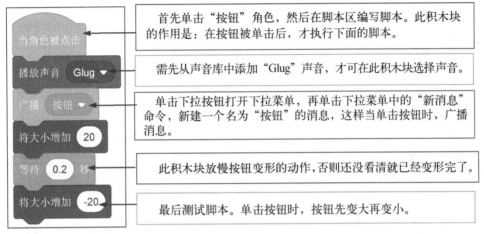

首先单击"按钮"角色，然后在脚本区编写脚本。此积木块的作用是：在按钮被单击后，才执行下面的脚本。

需先从声音库中添加"Glug"声音，才可在此积木块选择声音。

单击下拉按钮打开下拉菜单，再单击下拉菜单中的"新消息"命令，新建一个名为"按钮"的消息，这样当单击按钮时，广播消息。

此积木块放慢按钮变形的动作，否则还没看清就已经变形完了。

最后测试脚本。单击按钮时，按钮先变大再变小。

图 3-14　给按钮编程

3.10 让蓝裙子在小芳和衣架间移动

扫码观看视频

游戏中，当单击蓝裙子时，裙子移动到小芳身上；当单击"重做"按钮时，蓝裙子要移到衣架上。下面开始为蓝裙子编写代码，如图3-15所示。

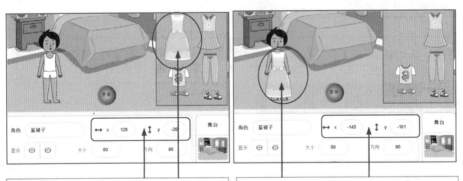

首先在角色列表中单击"蓝裙子"角色，然后记录下其在衣架上的坐标。

然后将其移到小芳身上，再记下在小芳身上的坐标。

图 3-15　给蓝裙子编写代码

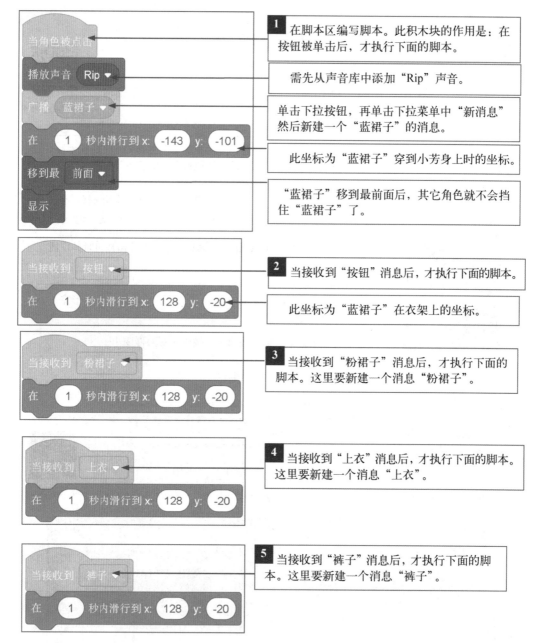

1 在脚本区编写脚本。此积木块的作用是：在按钮被单击后，才执行下面的脚本。

需先从声音库中添加"Rip"声音。

单击下拉按钮，再单击下拉菜单中"新消息"然后新建一个"蓝裙子"的消息。

此坐标为"蓝裙子"穿到小芳身上时的坐标。

"蓝裙子"移到最前面后，其它角色就不会挡住"蓝裙子"了。

2 当接收到"按钮"消息后，才执行下面的脚本。

此坐标为"蓝裙子"在衣架上的坐标。

3 当接收到"粉裙子"消息后，才执行下面的脚本。这里要新建一个消息"粉裙子"。

4 当接收到"上衣"消息后，才执行下面的脚本。这里要新建一个消息"上衣"。

5 当接收到"裤子"消息后，才执行下面的脚本。这里要新建一个消息"裤子"。

图 3-15　给蓝裙子编写代码（续）

3.11 粉裙子和蓝裙子来回试装

扫码观看视频

当单击粉裙子时，粉裙子移动到小芳身上；如果此时蓝裙子刚好在小芳身上，就需要蓝裙子移回到衣架上，给粉裙子让开位置。同时，当单击"重做"按钮时，粉裙子要移回到衣架上。编写之前先记录下粉裙子在小芳和衣架上的坐标，如图 3-16 所示。

图 3-16 给粉裙子编程

6 之后测试脚本，分别单击衣架上的蓝裙子和粉裙子，及"重做"按钮，都可以按照之前规划的行为规则运行。

图 3-16 给粉裙子编程（续）

3.12 轻松编写上衣的代码

在编写完蓝裙子和粉裙子的代码后，准备编写上衣的代码。上衣的代码编写方法和粉裙子类似，如图 3-17 所示。

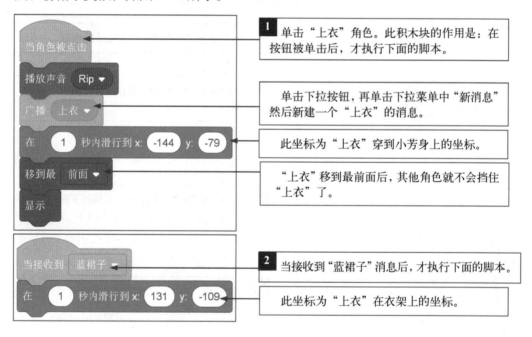

1 单击"上衣"角色。此积木块的作用是：在按钮被单击后，才执行下面的脚本。

单击下拉按钮，再单击下拉菜单中"新消息"然后新建一个"上衣"的消息。

此坐标为"上衣"穿到小芳身上的坐标。

"上衣"移到最前面后，其他角色就不会挡住"上衣"了。

2 当接收到"蓝裙子"消息后，才执行下面的脚本。

此坐标为"上衣"在衣架上的坐标。

图 3-17 编写上衣的代码

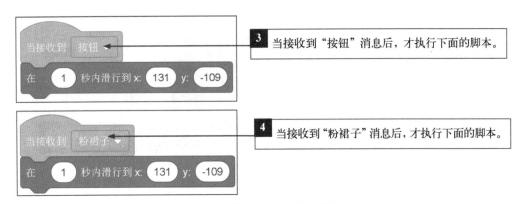

图 3-17 编写上衣的代码（续）

3.13 所有角色最终的脚本

其他衣服脚本的编写方法与之前的蓝裙子、粉裙子、上衣类似，只要搞清楚，每个衣服角色需要收到哪些角色的广播消息，然后加入接收广播消息的积木块即可。如图 3-18 所示为编写好的所有角色的最终脚本。

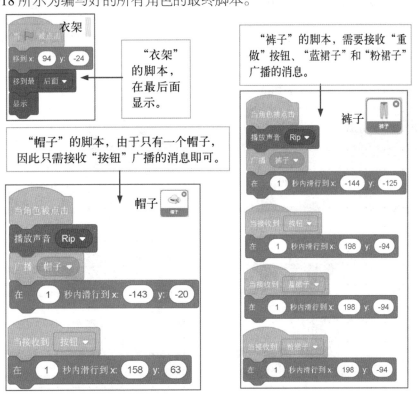

图 3-18 所有角色最终的脚本

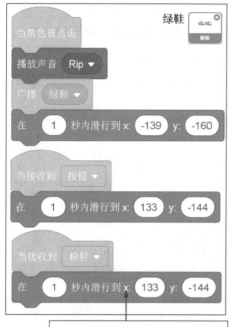

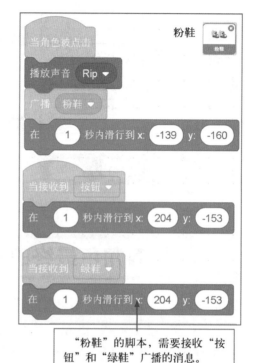

> "绿鞋"的脚本，需要接收"按钮"和"粉鞋"广播的消息。

> "粉鞋"的脚本，需要接收"按钮"和"绿鞋"广播的消息。

> "红眼镜"的脚本，需要接收"按钮"和"心形眼镜"广播的消息。

> "心形眼镜"的脚本，需要接收"按钮"和"红眼镜"广播的消息。

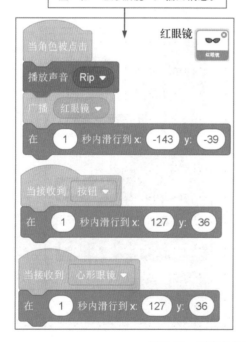

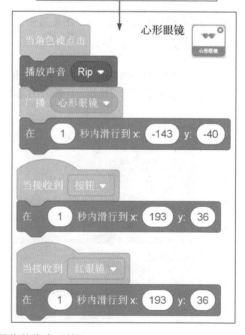

图 3-18 所有角色最终的脚本（续）

3.14 课后任务

本节任务

完成自己的《换装游戏》，本例中只逐步编写小芳、按钮、蓝裙子、粉裙子、上衣等角色的脚本，接下来大家来完成剩下角色脚本编写。并测试一下游戏是否运行正常。

拓展任务

1）给游戏中的角色增加声音，增加玩游戏的乐趣。比如，单击"重做"按钮时，发出"咚"的响声。

2）试一试使用"显示"和"隐藏"积木块来实现换装。提示：两件粉裙子，一件在衣架上，另一件在小芳身上被隐藏。当单击衣架上的粉裙子时，小芳身上的粉裙子显示出来。

舞林大赛

课程内容

在这节课中我们将会制作一款跳舞的游戏，利用循环功能来实现舞台灯光不断闪烁，舞者连续跳舞。

知识点

（1）循环

（2）换造型

（3）颜色特效

（4）复制代码

（5）角色移动

用到的基本指令

（1）当绿旗被点击

（2）当角色被点击

（3）下一个造型

（4）说你好！2秒

（5）在1秒内滑行到 x：y：

（6）将颜色特效增加25

（7）等待1秒

（8）换成…造型

（9）播放声音

（10）重复执行

4.1 游戏制作分析

扫码观看视频

1. 故事与玩法要求

4 名跳舞高手想一决高下，舞台已经准备好了，音乐已经响起，可以单击一个舞者让其到台上跳一段拿手的舞蹈，跳舞之后自动回到等待区，如图 4-1 所示。

舞者已经准备好，就等着一决高下了。

图 4-1 玩法要求

2. 程序演示

程序演示如图 4-2 所示（可以扫描二维码观看游戏演示）。

1 当单击绿旗时，背景灯光开始闪烁，开始播放劲爆的 DJ 音乐，同时提示"单击舞者开始跳舞"。

2 当单击任何一个舞者时，舞者会移动到舞台中央开始跳舞。跳完之后，自动回到开始站立的地方。

图 4-2 程序演示

3. 背景、角色分析

在正式制作程序前，请先分析一下程序中需要几个背景、总共有几个角色、几个造型，如图 4-3 所示。

程序中有 4 个舞者，1 个玩家提示，共 5 个角色。其中每个舞者都使用了多个造型。另外，有一个舞台背景。

图 4-3　程序背景和角色分析

4. 行为、规则分析

所有角色行为、规则分析如图 4-4 所示。

当单击绿旗时，背景的颜色开始不断地变换，同时播放音乐。游戏提示等待 5 秒后，消失。

当单击 4 个舞者时，舞者从站立的位置移动到舞台中央，开始不断地快速变换造型，同时亮度变亮。跳完舞后，又回到原先站立的位置。

图 4-4　行为和规则分析

4.2 难点解析之循环

编程里的循环就是当循环条件满足时，重复执行一些命令，直到循环条件不满足为止。根据需要可以让循环无限制地执行，也可以让循环执行一定次数。比如，制作下雪的程序时，就可以让雪花无限循环地飘落。

扫码观看视频

在 Scratch 3.5 中，循环的积木块主要有 3 个，如图 4-5 所示。

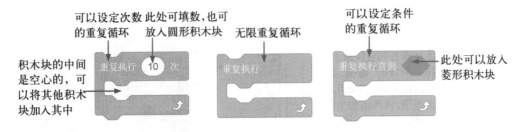

图 4-5　循环的积木块

循环积木块可以简化脚本，方便后期调试修改参数。如图 4-6 所示的脚本中 A 脚本和 B 脚本实现的结果是一样的，但 B 脚本更加简洁，如果修改参数的话，B 脚本只需修改很少的参数即可。

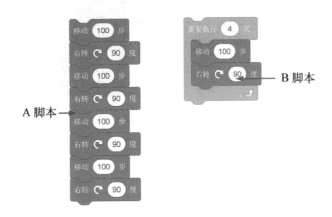

图 4-6　利用循环使脚本更加简洁

扫码观看视频

4.3 选择一个带灯光的舞台背景

制作程序的第一步，先删除不用的小猫，然后添加需要的背景，如图 4-7 所示。

2 单击"背景"标签，然后再单击图片下方的"转换为矢量图"按钮。

1 在背景列表区单击"选择一个背景"按钮。然后用鼠标单击"Spotlight"背景图，将其添加为舞台背景。

3 单击 T（文本）工具，再单击"填充"下拉按钮，选择黄色。然后在背景图上单击，出现文本框之后输入"舞林大赛"。将文字调整到背景图中间靠上的位置（如果感觉文字太小或太大，可以拖动文字边缘调整大小）。

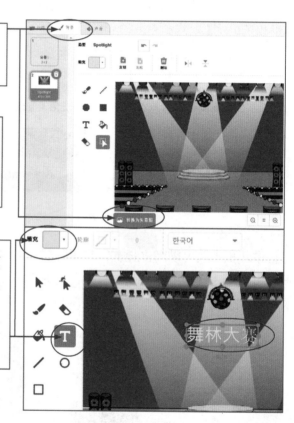

图 4-7 添加背景

4.4 舞者登场

背景添加好后，接下来开始添加所有角色，如图 4-8 所示。

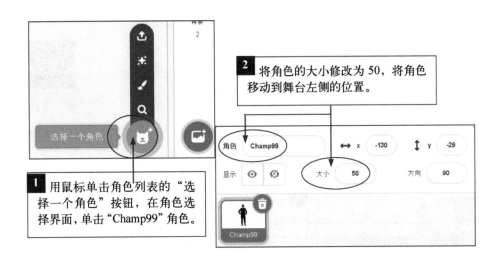

2 将角色的大小修改为50，将角色移动到舞台左侧的位置。

1 用鼠标单击角色列表的"选择一个角色"按钮，在角色选择界面，单击"Champ99"角色。

3 继续添加角色，单击"选择一个角色"按钮，从角色库中，单击"Jouvi Dance"角色，接着将角色的大小修改为50，将角色移动到舞台左侧靠前的位置。

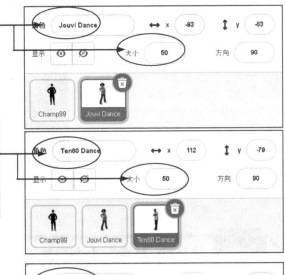

4 添加第3个角色，单击"选择一个角色"按钮，从角色库中，单击"Ten80 Dance"角色，接着将角色的大小修改为50，将角色移动到舞台右侧靠前的位置。

5 再添加第4个角色，单击"选择一个角色"按钮，从角色库中，单击"LB Dance"角色，接着将角色的大小修改为50，将角色移动到舞台右侧的位置。

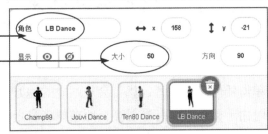

图 4-8 舞者登场

4.5 让舞台的灯光闪烁起来

扫码观看视频

既然是跳舞比赛的场所，炫酷的灯光是少不了的。接下来用调节背景颜色特效的方法来使舞台背景看起来灯光闪烁，如图4-9所示。

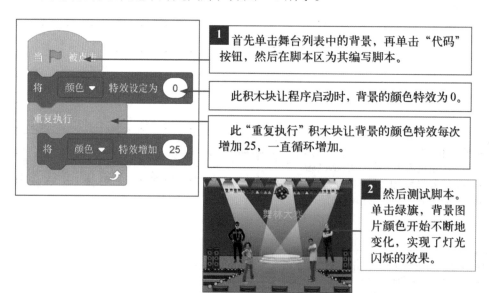

1 首先单击舞台列表中的背景，再单击"代码"按钮，然后在脚本区为其编写脚本。

此积木块让程序启动时，背景的颜色特效为0。

此"重复执行"积木块让背景的颜色特效每次增加25，一直循环增加。

2 然后测试脚本。单击绿旗，背景图片颜色开始不断地变化，实现了灯光闪烁的效果。

图4-9 让舞台灯光闪烁

4.6 让舞者舞动起来（一）

扫码观看视频

下面开始为4个舞者编写代码，让他们可以尽情地跳舞。游戏时，单击任何一个舞者，舞者会从站立的地方移动到舞台中央去跳舞，同时由于舞台中央灯光很亮，照在舞者身上会使舞者也很亮，因此要加入舞者颜色变化的脚本。当跳完舞后，舞者需要移回原来站立的地方。另外，要加入一句提示语："单击舞者开始跳舞"，如图4-10所示。

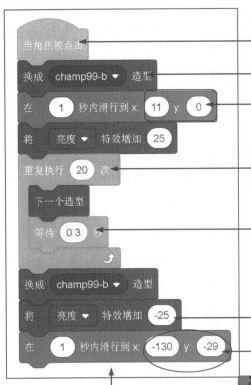

1 首先单击角色列表中的"Champ99"角色，然后在脚本区为其编写脚本。当角色被单击时，运行下面脚本，否则不运行。

单击积木块中的箭头可选择造型。

此坐标为舞台中间位置的坐标。

此"重复执行20次"积木块让角色不断更换造型，实现跳舞的动画效果。

此积木块可以减慢角色"跳舞"的动作，让其动作更加真实。

前面增加了亮度，此处再减少亮度。

此坐标为舞者原先站立位置的坐标。

提示：将其中一个角色移动到舞台中央的位置，其属性信息中，就会显示中央的坐标，提前记录下即可。另外，角色初始位置的坐标最好也记录下来。

2 测试一下"Champ99"角色的脚本。"Champ99"移动到舞台中央开始跳舞，跳完之后，又回到等待区。

图 4-10　编写第一个舞者的脚本

4.7　让舞者舞动起来（二）

　　第一个舞者的脚本编写好后，剩下的 3 个舞者的脚本编写就会比较省事了。由于 3 个舞者的脚本基本一样，所以可以将第一个舞者的脚本直接复制给其他舞者，然后修改一下相关积木块的参数即可。比如，坐标、造型等，如图 4-11 所示。

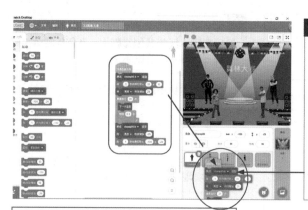

1 首先在角色列表中单击写好脚本的"Champ99"角色。然后在脚本区，鼠标放到脚本第一个积木块上，拖动积木块到角色列表中的"Jouvi Dance"角色缩略图上，当角色缩略图左右摇动时，松开鼠标即完成脚本的复制。接着用同样的方法，将脚本复制给"Ten80 Dance"角色和"LB Dance"角色。

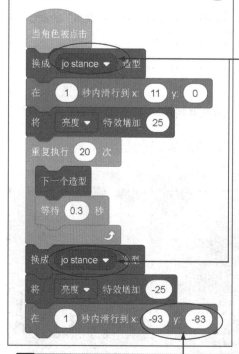

2 在角色列表中，单击"Jouvi Dance"角色，单击这两个积木块上的下拉按钮，选择下拉菜单中的"jo stance"造型。

4 在角色列表中单击"Ten80 Dance"角色，单击这两个积木块上的下拉按钮，选择下拉菜单中的"Ten80 stance"造型。

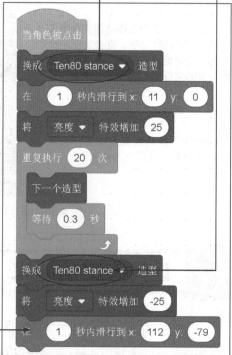

3 将此积木块的 x 的参数修改为-93，y 的参数修改为-83（即角色等待位置的坐标）。

5 将此积木块的 x 的参数修改为112，y 的参数修改为-79。

图 4-11　编写其他舞者的脚本

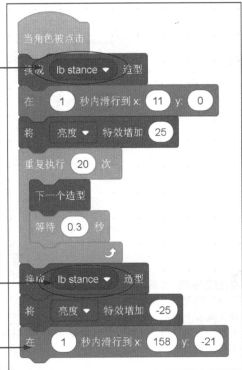

6 在角色列表中单击"Ten80 Dance"角色，单击这两个积木块上的下拉按钮，选择下拉菜单中的"lb stance"造型。

7 将此积木块的 x 的参数修改为158，y 的参数修改为-21。

8 测试脚本。各个舞者都可以正常跳舞，并回到等待区。

提示：在游戏制作的过程中，一般编写一段脚本后，就要及时对项目进行保存。防止发生意外项目丢失（如电脑死机等）。

图 4-11 编写其他舞者的脚本（续）

4.8 加入提示和音乐

扫码观看视频

跳舞比赛没有音乐是不行的，下面为程序加入音乐和提示，如图 4-12 所示。

1 在角色列表中，鼠标指向"选择一个角色"按钮，再单击"绘制"按钮。

2 将角色的名字修改为"提示和音乐"，坐标修改为0,0。

3 在绘图编辑器单击"文本"工具，再单击"填充"下拉按钮，选择青色。接着在画板上单击，输入"单击舞者开始跳舞"。然后用"选择"工具调整其大小和位置。

4 单击"声音"标签，然后单击"选择一个声音"按钮，从声音库中选择"Dance Around"声音。

5 单击"代码"按钮，在脚本区为角色编写脚本。

这3个积木块，让提示显示5秒之后隐藏。

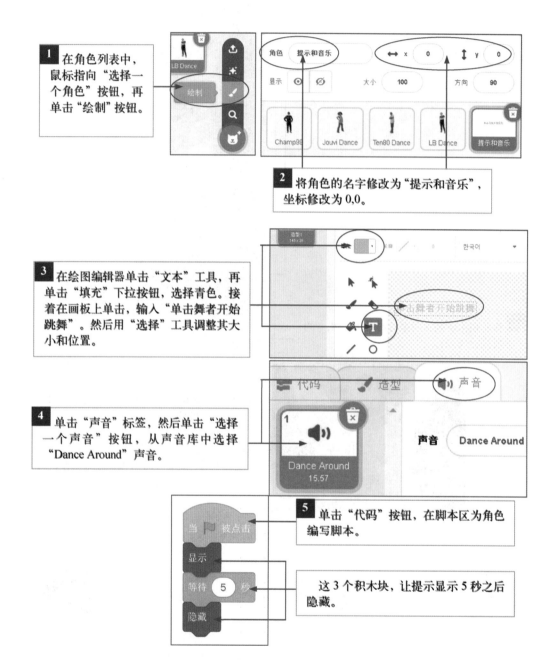

图4-12　加入提示和音乐

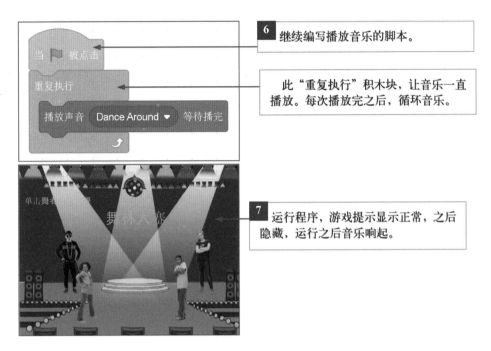

图4-12 加入提示和音乐（续）

4.9 课后任务

本节任务

完成自己的《跳舞游戏》，在游戏中给每个舞者添加颜色特效，让其在舞台上跳舞时，身上灯光闪烁。

拓展任务

如果舞台中央只能有一个舞者跳舞，当舞台上有一个舞者在跳舞时，单击另外一个舞者，前一个舞者会自动离开舞台（提示：要用到广播消息的积木块）。另外，当舞者上台跳舞时，给每个舞者配一段属于自己的音乐。

第 3 篇　中级编程篇

前面几篇带大家认识了一下 Scratch 的基本用法，并没有编写一个真正的游戏。接下来本章将带你制作一些初级游戏。通过对实例的学习，掌握 Scratch 软件中变量、逻辑判断、条件语句、克隆、游戏结束、游戏胜利、积分、生命值、游戏关卡等用法。本篇主要针对对 Scratch 编程软件有一定基础的读者。

本篇内容：

第 5 章：赛车游戏。将编写一个两个玩家参与的竞技游戏。通过对编写游戏过程的学习，掌握变量的基本知识和用法，掌握逻辑运算的基本知识和用法，掌握条件语句的使用方法，掌握侦测脚本的用法，掌握键盘控制角色运动的方法，掌握游戏结束的控制方法等。

第 6 章：卡通时钟制作。将编写一个电子时钟。通过学习此章，掌握变量值的判断方法，掌握条件语句使用方法，掌握时间与角度的关系计算等。

第 7 章：海洋捕鱼游戏。将编写一个捕鱼游戏。通过此章的学习，掌握克隆的使用技巧，掌握随机数的用法，掌握角色运动到边缘的处理方法，掌握鼠标控制角色的方法，掌握游戏关卡、游戏胜利、游戏结束的控制方法等。

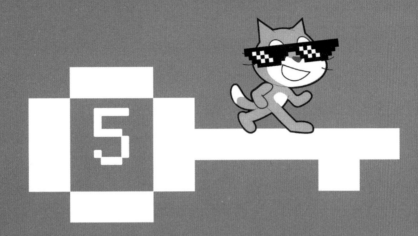

赛车游戏

课程内容

在这节课中我们将制作一款赛车游戏。在赛车道上有两辆赛车，两个玩家分别控制一辆赛车比赛，先到达终点的获胜。通过游戏的编写，让赛车可以被玩家控制左转、右转、加速。

知识点

(1) 变量

(2) 变量值判断

(3) 比较大小

(4) 逻辑运算

(5) 颜色判断

用到的基本指令

(1) 当绿旗被点击

(2) 重复执行

(3) 如果…那么

(4) 等待 1 秒

(5) 右转 15 度

(6) 左转 15 度

(7) 将我的变量设为 0

(8) 将我的变量增加 1

(9) 面向 90 方向

(10) 碰到颜色?

(11) 按下空格键?

(12) 播放声音

(13) ＞50

(14) ＜50

5.1 游戏制作分析

扫码观看视频

1. 故事与玩法要求

赛车游戏是很多人喜欢的一款游戏。赛车时，两个人分别控制一辆赛车，在赛车道上疾驰。比赛时加速前进、左转、右转等动作，通过键盘方向键和〈W〉〈A〉〈S〉〈D〉键分别来控制，先到终点的赛车为获胜方，竞技者会表露激动的心情，如图 5-1 所示。

图 5-1 玩法要求

2. 程序演示

程序演示如图 5-2 所示（扫描二维码观看演示）。

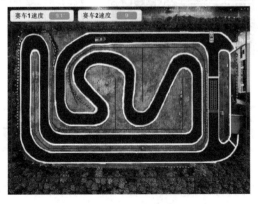

图 5-2 程序演示

3. 背景、角色分析

在正式制作程序前，请先分析一下程序中需要几个背景、总共有几个角色、几个造型，如图5-3所示。

程序中有两辆赛车，共两个角色。另外有一个赛道背景。

图5-3　程序背景和角色分析

4. 行为、规则分析

所有角色行为、规则分析如图5-4所示。

两辆赛车：按向上方向（或〈W〉）键赛车启动并开始加速，持续按速度将越来越快，同时有汽车加速声；按向下方向（或〈S〉）键，赛车减速；按向左方向（或〈A〉）键，向左转动3°；按向右方向（或〈D〉）键，向右转动3°。碰到赛道边缘，速度变为0；碰到绿色边界线，赛车会被拖回到起点；先到达终点者获胜，会表达激动的心情，游戏结束。

图5-4　行为和规则分析

5.2　难点解析之逻辑运算、变量与条件语句

在"运算"积木块中有3类重要的积木块：数学运算积木块、比较大小积木块和逻辑运算积木块。下面详细分析。

扫码观看视频

（1）数学运算

在 Scratch 中可以非常容易的进行加、减、乘、除四则运算，积木块如图 5-5 所示。

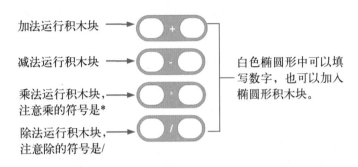

加法运行积木块 ——→

减法运行积木块 ——→

乘法运行积木块，
注意乘的符号是*

除法运行积木块，
注意除的符号是/

白色椭圆形中可以填
写数字，也可以加入
椭圆形积木块。

图 5-5　数学运行积木块

积木块中的白色椭圆形中可以填写数字，还可以加入椭圆形积木块（如数学运算积木块，或变量等）。这样就可以进行混合运算了，比如，要计算 6*（28-9）+5 这个混合运算可以如图 5-6 所示进行处理（注意：这里*表示乘）。

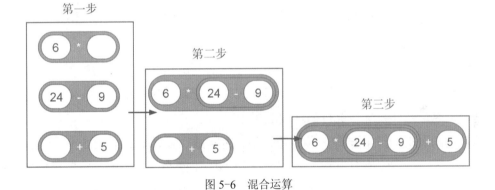

第一步

第二步

第三步

图 5-6　混合运算

先将 积木块放入 积木块中的空白椭圆中，变为 积木块。然后再将 积木块放入 积木块空白椭圆中，组合成 积木块即可实现混合运算。

除了数字可以计算，变量也可以计算，如图 5-7 所示。

如此积木块中，赛车 1 速度是一个变量，移动的步数为赛车 1 速度除以 10。这样变量值变化，移动的步数也跟着变化

图 5-7　变量计算

（2）比较大小

人们每天都在做决定，不同的决定通常会引导人们采取不同的行动。例如，当你的想法是"只要那台手机的价格低于 1500 元，我就买"。你就会关注那台手机的价格，决定买还是不买。

在编程时，使用比较大小积木块，就可以比较两个变量或者表达式的大小关系，即大于、小于或等于。如图 5-8 所示为常用的比较大小积木块。比较积木块运行比较后，输出结果只有两个，即真（true）或假（false）。

图 5-8　比较积木块

比较符号两边的椭圆形中可以填写数字，也可以加入椭圆形积木块。

（3）逻辑运算

逻辑运算又称布尔运算。布尔用数学方法研究逻辑问题，成功地建立了逻辑运算。逻辑运算通常用来测试真假值。最常见到的逻辑运算就是循环的处理，用来判断是否该离开循环或继续执行循环内的指令。

常用的逻辑运算主要有 3 种：逻辑与、逻辑或、逻辑非，如图 5-9 所示为逻辑积木块。逻辑运算的值只有真（true）或假（false）两个。这里的"真"是指某个逻辑表达式或条件成立；"假"是指某个逻辑条件不存在或条件不成立。如表 5-1 所示为逻辑运算符的含义。

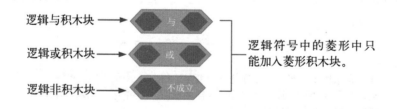

图 5-9　逻辑积木块

表 5-1 逻辑运算符含义

运算符	含义
与	当两个表达式或条件都为真（true）时，结果为真；当只有一个表达式或条件为真，或两个都为假时，结果为假（false）
或	只要有一个表达式或条件为真时（即两个都为真，或其中一个为真），结果为真；当两个都为假时，结果为假
不成立	当表达式或条件为假时，结果为真；当表达式或条件为真时，结果为假

例如：在一个游戏中使用的逻辑与运算，如果玩家在游戏的第一关中达到了 100 分，则再奖励 200 分。这里需要同时满足两个条件：在第一关和 100 分。如图 5-10 所示为逻辑与运算符的用法。

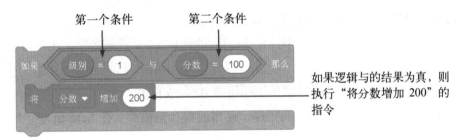

图 5-10 逻辑与运算符使用

若玩家在第 10 关，或者玩家的分数达到了 10000 分，系统显示"高级玩家！"。如图 5-11 所示为逻辑或积木块用法。

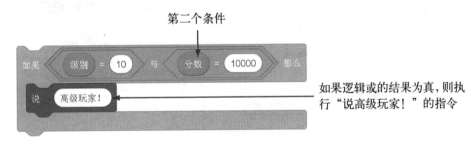

图 5-11 逻辑或运算符使用

若玩家的分数没有超过 100 分，则不允许进入第二关。如图 5-12 所示为逻辑非运算符的用法。

条件

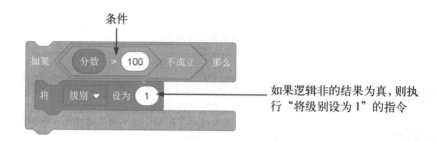

如果逻辑非的结果为真，则执行"将级别设为1"的指令

图 5-12　逻辑非运算符用法

（4）变量

变量来源于数学，在编程中通常使用变量来存放计算结果或值。如图 5-13 中的"得分"就是一个变量。简单地说，可以把变量看作是个盒子，可以将钥匙、手机、饮料等物品存放在这个盒子中，也可以随时更换想存放的新物品。并且可以根据盒子的名称（变量名）快速查找到存放物品的信息。

在数学课上也会学到变量，比如，解方程的时候 x、y 就是变量，用字母代替。在程序的里面需要给变量起名字，比如"得分"。变量取名字的时候一定要取清楚地说明其用途的名字。因为一个大的程序里面的变量成百上千个，如果名字不能清楚地表达用途，不但别人看不懂你的程序，连自己都会搞糊涂。在 Scratch 中，与变量有关的积木块如图 5-13 所示。

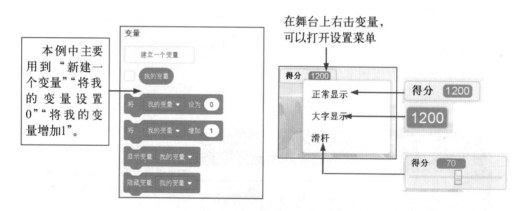

图 5-13　与变量有关的积木块及设置

（5）条件语句

在生活中，经常听到带条件语句的话，"如果明天停电，那么我们就不去看电影"。这里"明天停电"就可以被视为一个条件，如果这个条件为真（true），也就是明天真停电了，那么我们就不去看电影。如果这个条件为假（false），也就是如果明天没

有停电，我们做什么则没有提及，该条件语句的命令积木块如图 5-14 所示。

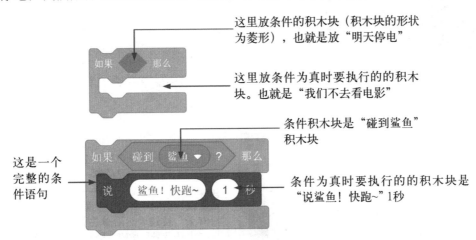

这里放条件的积木块（积木块的形状为菱形），也就是放"明天停电"

这里放条件为真时要执行的的积木块。也就是"我们不去看电影"

条件积木块是"碰到鲨鱼"积木块

这是一个完整的条件语句

条件为真时要执行的的积木块是"说鲨鱼！快跑~"1秒

图 5-14 条件积木块

还有一个条件语句"如果……那么……否则"。同样用一个对话来说明，"如果明天下雨，我们就不出门，否则我们就去看电影"。这句话明确说明了，如果条件（明天下雨）为真，那么我们就不出门；如果条件为假（明天不下雨），那么我们就去看电影。如图 5-15 所示为此条件语句的积木块。

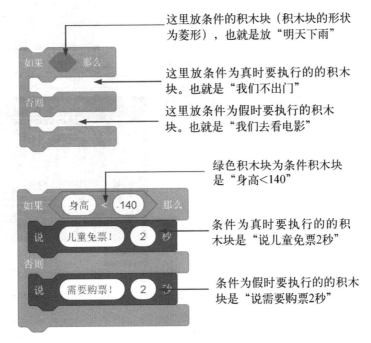

这里放条件的积木块（积木块的形状为菱形），也就是放"明天下雨"

这里放条件为真时要执行的积木块。也就是"我们不出门"

这里放条件为假时要执行的积木块。也就是"我们去看电影"

绿色积木块为条件积木块是"身高<140"

条件为真时要执行的的积木块是"说儿童免票2秒"

条件为假时要执行的的积木块是"说需要购票2秒"

图 5-15 条件语句积木块

5.3 选择赛道

制作程序的第一步，先删除不用的小猫，然后添加需要的背景，如图 5-16
所示。

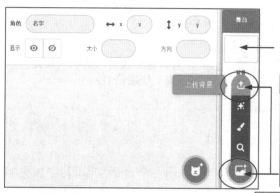

赛道背景图可以从电脑上上传，也可以使用绘图工具自己绘制一个

1 鼠标指向"舞台"下面的"选择一个背景"按钮，然后单击弹出菜单中的"上传背景"按钮，接着从打开的对话框中，选择一个背景文件（提示：如果想自己绘制赛道，就单击"绘制"按钮，通过绘图工具绘制一个）。

2 添加赛道背景后，发现赛道图片比舞台小，需要调整。接下来单击"背景"标签，然后单击"转换为矢量图"按钮。

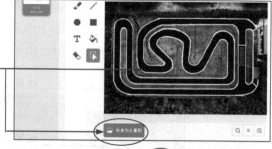

3 单击绘图编辑器中的"选择"工具，然后在画板单击赛道图片，用鼠标拖动图片四周的8个圆点，来调整图片大小，让其铺满舞台。

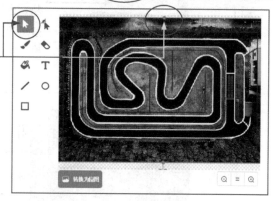

图 5-16　添加背景

5.4 游戏主角赛车进场

接下来为游戏添加两辆赛车，可以提前在电脑中准备好，当然也可以通过绘图工具，绘制一个简单的赛车，如图 5-17 所示（可以下载本例中的图片）。

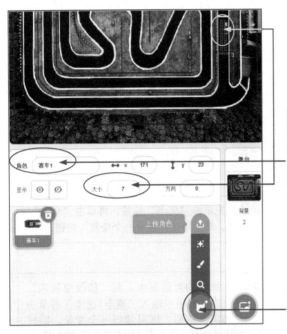

2 修改角色的属性。将角色的名称修改为"赛车1"；将角色的大小修改为合适的大小，这里修改为7；然后将赛车移动到出发位置（图中的位置）。

1 鼠标指向角色列表下面的"选择一个角色"按钮，然后单击弹出菜单中的"上传角色"按钮，接着从打开的对话框中，选择一个角色文件（提示：如果想自己绘制赛车，就单击"绘制"按钮，通过绘图工具绘制一个）。

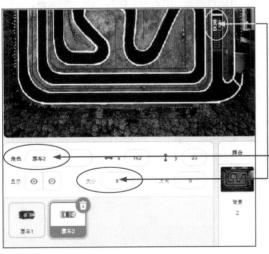

3 用同样的方法再添加第2辆赛车。在角色的属性中将角色的名称修改为"赛车2"；将角色的大小修改为合适的大小，这里修改为9；然后将赛车移动到出发位置（图中的位置）。

图 5-17 添加赛车角色

扫码观看视频

5.5 为赛车设置控制键

接下来为"赛车 1"编写脚本，通过键盘来控制"赛车 1"。键盘控制的思路是：单击向上方向键赛车启动并逐渐加速，每次增加 1；单击向下方向键，赛车开始减速，每次减少 1；单击向左方向键，向左转动 3°；单击向右方向键，向右转动 3°。碰到赛道白色的边缘，速度变为 0；碰到绿色赛道中界线，赛车会被移动到起点位置。

由于赛车的速度是逐渐增加的，因此这里需要一个变量作为计数器，记录单击向上方向键的次数。另外，当变量被使用过一次后，变量值还会继续增加。所以，变量被使用一次后应该归零，重新计数，如图 5-18 所示。

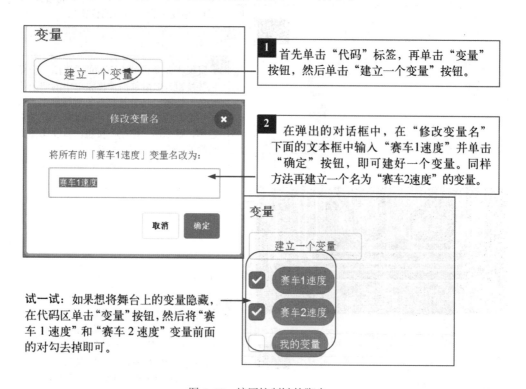

图 5-18　编写控制键的脚本

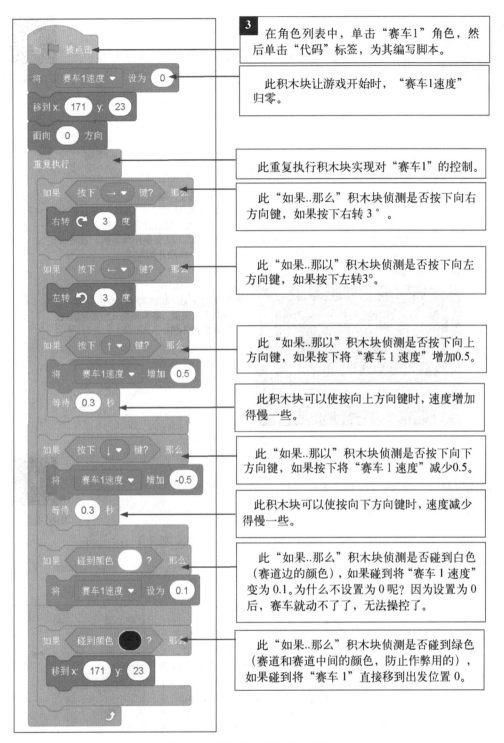

3 在角色列表中，单击"赛车1"角色，然后单击"代码"标签，为其编写脚本。

此积木块让游戏开始时，"赛车1速度"归零。

此重复执行积木块实现对"赛车1"的控制。

此"如果..那么"积木块侦测是否按下向右方向键，如果按下右转 3°。

此"如果..那以"积木块侦测是否按下向左方向键，如果按下左转3°。

此"如果..那以"积木块侦测是否按下向上方向键，如果按下将"赛车1速度"增加0.5。

此积木块可以使按向上方向键时，速度增加得慢一些。

此"如果..那以"积木块侦测是否按下向下方向键，如果按下将"赛车1速度"减少0.5。

此积木块可以使按向下方向键时，速度减少得慢一些。

此"如果..那么"积木块侦测是否碰到白色（赛道边的颜色），如果碰到将"赛车1速度"变为0.1。为什么不设置为0呢？因为设置为0后，赛车就动不了了，无法操控了。

此"如果..那么"积木块侦测是否碰到绿色（赛道和赛道中间的颜色，防止作弊用的），如果碰到将"赛车1"直接移到出发位置0。

图 5-18　编写控制键的脚本（续）

5.6 给赛车编写动力脚本

扫码观看视频

下面开始编写"赛车 1"动力部分的脚本，即按向上方向键启动加速时，让"赛车 1"开动起来，如图 5-19 所示。

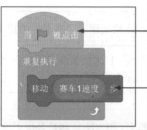

1 为"赛车1"编写第2段脚本，使"赛车1"可以开动起来。

此积木块以"赛车1速度"变量作为步数。之前编写的脚本中，单击绿旗时"赛车1速度"变量值为0，当按下向上方向键时，变量值开始不断增加，变量的值是一个变化的值。以变量作为步数，就可以模拟真实开车的情形，加油开始加速。

2 运行游戏，测试脚本。单击绿旗，并按向上方向键，赛车慢慢开始加速前进，转弯也很不错。

图 5-19 给赛车编写动力脚本

5.7 给赛车配音

扫码观看视频

下面为赛车编写音效脚本。赛车音效设计为：赛车速度大于 0，小于 20 时，播放"Car Passing"音效，当赛车速度大于 20 时，播放"Car Vroom"音效，如图 5-20 所示。

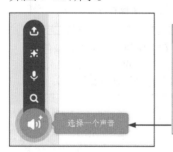

1 编写声音脚本的第一步先为"赛车1"角色添加一些声音。单击"声音"标签，再单击"选择一个声音"按钮，然后从声音库中分别选择"Car Passing""CarVroom"声音。

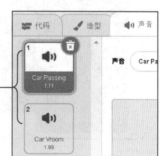

图 5-20 给赛车配音

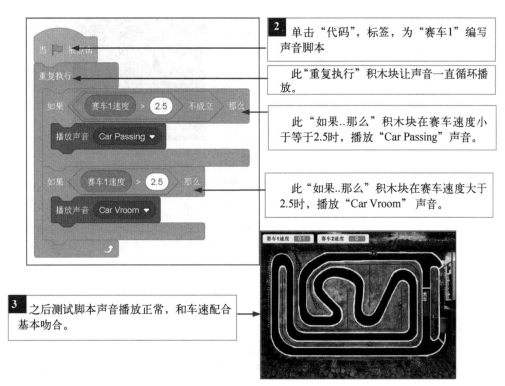

2 单击"代码"，标签，为"赛车1"编写声音脚本

此"重复执行"积木块让声音一直循环播放。

此"如果..那么"积木块在赛车速度小于等于2.5时，播放"Car Passing"声音。

此"如果..那么"积木块在赛车速度大于2.5时，播放"Car Vroom"声音。

3 之后测试脚本声音播放正常，和车速配合基本吻合。

图 5-20　给赛车配音（续）

5.8 给获胜者编写脚本

下面开始为获胜者编写脚本。当赛车到达终点碰到红色终点线后，会显示表达激动的语句，然后游戏结束。脚本编写如图 5-21 所示。

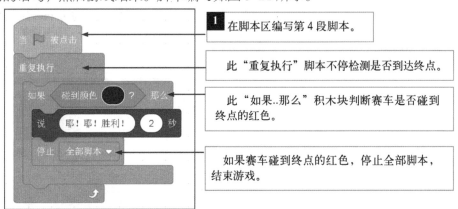

1 在脚本区编写第 4 段脚本。

此"重复执行"脚本不停检测是否到达终点。

此"如果..那么"积木块判断赛车是否碰到终点的红色。

如果赛车碰到终点的红色，停止全部脚本，结束游戏。

图 5-21　给获胜者编写脚本

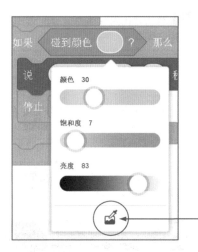

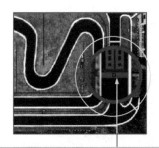

2 小技巧：在选择终点颜色时，在弹出的颜色列表中，单击"吸管"工具按钮（此工具用来选择舞台上的颜色），接着在舞台上移动鼠标，将圆圈内的小正方形对准红色终点线，圆圈变为红色时，单击鼠标即可选取此红色。

图 5-21　给获胜者编写脚本（续）

最后单击绿旗测试脚本。驾驶赛车冲到终点，出现胜利提示，游戏结束。

5.9　编写赛车 2 的脚本

由于两个赛车角色的脚本基本一样，只是一些参数略有不同，所以下面采取复制脚本的方法来给"赛车 2"角色编写脚本，如图 5-22 所示。

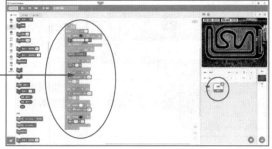

拖动脚本到角色缩略图上

1 将"赛车1"角色的所有脚本都复制给"赛车2"。将鼠标放到脚本的第一个积木块（当绿旗被点击）上，然后将脚本拖动到角色列表中的"赛车2"角色缩略图上面，当"赛车2"角色摇晃时，松开鼠标，即完成脚本复制。接下来用相同的方法将所有的4个脚本，都复制给"赛车2"角色。

2 在角色列表中，单击"赛车 2"角色，在脚本区可以看到复制过来的脚本，复制的脚本通常叠加在一起，需要拖动第一个积木块将其分开。

图 5-22　编写"赛车 2"的脚本

3 修改脚本参数。首先单击"将赛车1速度设为0"积木块中的下拉按钮,从下拉菜单中选择"赛车2速度"。

4 将"移到x:171y:23"积木块中的x参数修改为162。

5 在"按下→键"积木块中单击下拉按钮,从下拉菜单中选择d。

6 在"按下←键"积木块中单击下拉按钮,从下拉菜单中选择a。

7 在"按下↑键"积木块中单击下拉按钮,从下拉菜单中选择w。

8 单击"将赛车1速度增加1"积木块中的下拉按钮,从下拉菜单中选择"赛车2速度"。

9 在"按下↓键"积木块中单击下拉按钮,从下拉菜单中选择s。

10 单击"将赛车1速度增加1"积木块中的下拉按钮,从下拉菜单中选择"赛车2速度"。

11 单击"将赛车1速度增加1"积木块中的下拉按钮,从下拉菜单中选择"赛车2速度"。

12 将"移到x:171y:23"积木块中的x参数修改为162。

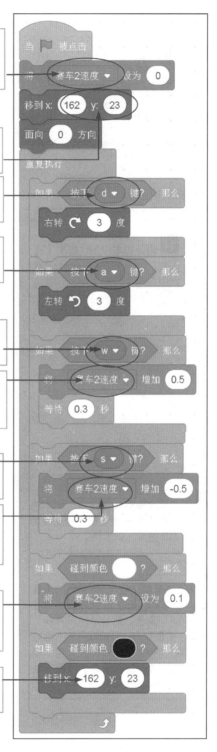

图 5-22 编写"赛车 2"的脚本(续)

13 将"说耶！耶！胜利！2秒"积木块中的"耶！耶！胜利！"参数修改为"我是冠军！我是冠军！"。

14 将此脚本中的"赛车1速度"积木块全部更换为"赛车2速度"积木块。

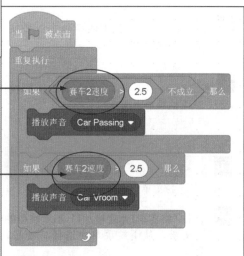

15 将"移动赛车1速度步"积木块中的"赛车1速度"积木块更换为"赛车2速度"积木块。

16 接下来复制"赛车1"角色的声音给"赛车2"。先在角色列表中单击"赛车1"角色，然后单击"声音"标签，接着将"Car Passing"声音缩略图拖到"赛车2"缩略图上，当"赛车2"摇晃后，复制成功。同样方法复制"Car Vroom"声音。

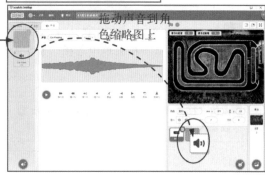

图 5-22　编写"赛车2"的脚本（续）

17 测试所有脚本。脚本运行正常。

图 5-22　编写"赛车 2"的脚本（续）

5.10 课后任务

本节任务

自己绘制一张赛道，然后制作自己的《赛车游戏》。在制作过程中，可以试着更改赛车移动速度，及"打方向盘"时，左转、右转的角度等参数。

拓展任务

为游戏设置计时功能，玩家在一定的时间内完成游戏，否则就会结束游戏。

卡通电子时钟制作

课程内容

在这节课中我们将制作一台钟表。通过游戏的编写，让钟表的秒针、分针、时针自动转动，为我们提供时间参考。

知识点

(1) 变量
(2) 变量值判断
(3) 条件语句
(4) 角度计算
(5) 时间计算

用到的基本指令

(1) 当绿旗被点击
(2) 重复执行
(3) 如果…那么
(4) 等待 1 秒
(5) 右转 15 度
(6) 将我的变量设为 0
(7) 将我的变量增加 1
(8) =50

6.1 程序制作分析

1. 故事与玩法要求

生活中很多地方都可以看到钟表，钟表中的秒针每转动一圈，分针转动一下；分针每转动一圈，时针转动一下，这样周而复始的运转，为我们记录时间。下面将制作一个电子钟表，让表针自动地转动计时，如图 6-1 所示。

图 6-1 玩法要求

2. 程序演示

程序演示如图 6-2 所示（扫描二维码观看演示）。

图 6-2 程序演示

3. 背景、角色分析

在正式制作程序前，请先分析一下程序中需要几个背景、总共有几个角色、几个造型，如图 6-3 所示。

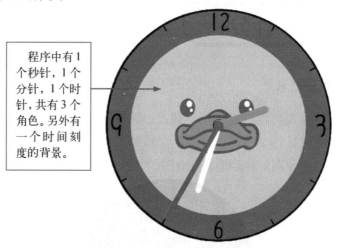

程序中有1个秒针，1个分针，1个时针，共有3个角色。另外有一个时间刻度的背景。

图 6-3　程序背景和角色分析

4. 行为、规则分析

所有角色行为、规则分析如图 6-4 所示。

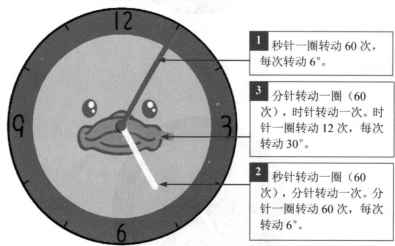

1　秒针一圈转动 60 次，每次转动 6°。

3　分针转动一圈（60次），时针转动一次。时针一圈转动 12 次，每次转动 30°。

2　秒针转动一圈（60次），分针转动一次。分针一圈转动 60 次，每次转动 6°。

图 6-4　行为和规则分析

6.2　难点解析之时间与角度的计算

首先我们先了解钟表中的几个时间单位：小时、分钟、秒。1 小时=60 分钟，1

分钟=60 秒。钟表上有 60 个刻度，即秒针和分针转动一圈，要旋转 60 次。而一圈的角度是 360°，所以秒针和分针每次的转角为 360/60=6°。而时针转动一圈要旋转12 次，即每次转角为 360/12=30°。

钟表中有三个指针：时针、分针、秒针，对应的是小时、分钟和秒。当秒针转动 60 次后，分针将转动一次；当分针转动 60 次后，时针转动一次。

6.3　设置一个漂亮的小鸭表盘

制作程序的第一步，先删除不用的小猫，然后添加需要的背景，如图 6-5 所示。

2 弹出"打开"对话框。在此对话框中，单击选择表盘文件，然后单击"打开"按钮即可。如果要查找文件，可以单击左侧的磁盘。

1 鼠标指向"舞台"下面的"选择一个背景"按钮，然后单击弹出菜单中的"上传背景"按钮（提示：如果想自己绘制表盘，就单击"绘制"按钮，通过绘图工具绘制一个）。

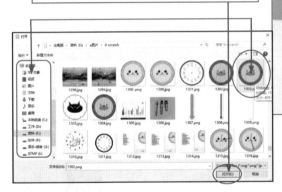

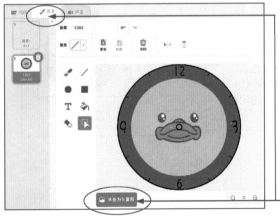

3 如果背景没有铺满舞台，可以单击"背景"标签，然后调节其大小。调节前需要先单击"转换为矢量图"按钮，将图片转换为矢量图，然后再使用"选择"工具调节大小。

图 6-5　添加背景

6.4 为钟表添加表针

扫码观看视频

接下来为钟表添加秒针、分针和时针，如图 6-6 所示（可以下载本例中的图片）。

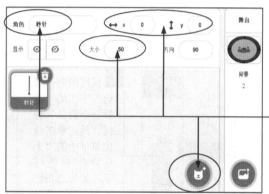

1 将鼠标指到角色列表下面的"选择一个角色"按钮，然后单击弹出菜单中的"上传角色"按钮，在打开的对话框中，选择表针图片文件打开。接下来修改角色的属性，将角色的名称修改为"秒针"，将角色的大小修改为 50，将角色的坐标修改为 $x=0$，$y=0$。

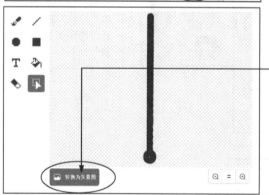

2 修改表针的中心点，让其旋转时以表针一端为中心旋转。先单击"造型"标签，然后单击画板下面的"转换为矢量图"按钮。

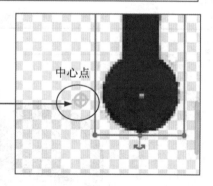

3 转换成矢量图后，就可以用选择工具移动角色了。移开角色后，可以看到画板中间有一个带圆圈的加号，此点就是中心点。只需要将表针图片一端的中点（图中的小白点）移到加号上方即可。

图 6-6　为钟表添加表针

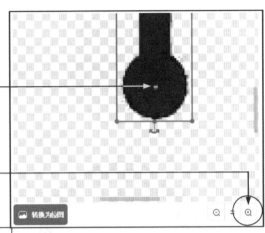

4 在画板中移动角色，将表针圆形一端的中点，放在中心点上。

小技巧：调整角色位置时，可以单击画板中的"放大镜"按钮，将视图放大。这样比较好对准中心点。

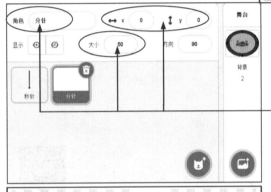

5 继续从电脑上上传分针角色。将角色的名称修改为"分针"，将角色的大小修改为 50，将角色的坐标修改为 $x=0$，$y=0$。

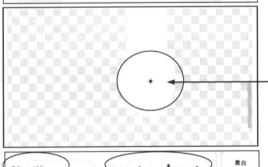

6 同样将"分针"圆形一端的中点，放在中心点上。

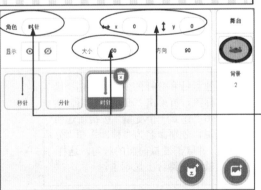

7 继续从电脑上上传分针角色。将角色的名称修改为"时针"，将角色的大小修改为 50，将角色的坐标修改为 $x=0$，$y=0$。

图6-6 为钟表添加表针（续）

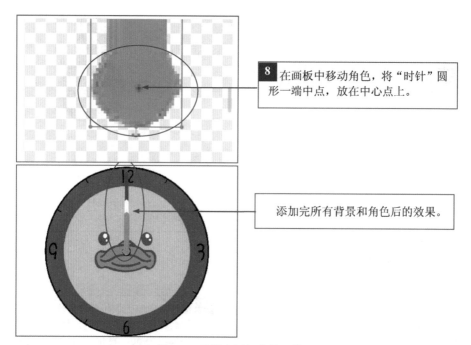

8 在画板中移动角色，将"时针"圆形一端中点，放在中心点上。

添加完所有背景和角色后的效果。

图 6-6 为钟表添加表针（续）

6.5 让秒针转动起来

扫码观看视频

接下来先为秒针编写脚本，由于钟表的秒针转动 60 次，分针转动一次，因此这里需要一个变量作为计数器，记录秒针的转动次数。同样，当分针转到 60 次时，时针也将转动一次。所以分针也需要一个变量作为计数器。

当变量被使用过一次后，变量值还会继续增加。如果用变量值等于 60 为脚本运行条件，其变量值将不会再起作用，分针和时针将不会再转动。所以，变量被使用一次后应该归零，重新计数，如图 6-7 所示。

1 新建秒针和分针的变量。单击"代码"标签，再单击"变量"按钮，然后单击"建立一个变量"按钮新建两个变量，分别命名为"秒针"和"分针"，并取消变量前面的对勾，这样变量就不在舞台上显示了。

图 6-7 让秒针转动起来

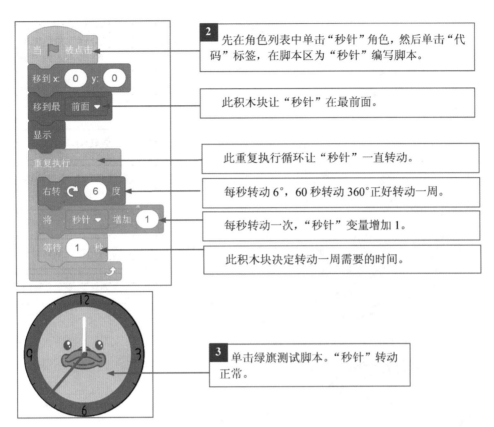

2 先在角色列表中单击"秒针"角色，然后单击"代码"标签，在脚本区为"秒针"编写脚本。

此积木块让"秒针"在最前面。

此重复执行循环让"秒针"一直转动。

每秒转动6°，60秒转动360°正好转动一周。

每秒转动一次，"秒针"变量增加1。

此积木块决定转动一周需要的时间。

3 单击绿旗测试脚本。"秒针"转动正常。

图 6-7 让秒针转动起来（续）

6.6 让分针跟着转动

扫码观看视频

在分针脚本中要不断判断变量"秒针"的值，只当"秒针"的值等于60时，才执行旋转命令，所以要加入判断语句。并且在执行之后，要将变量"秒针"的值归零，如图6-8所示。

1 先学习一个小技巧。组合图中的积木块需要分两步，第一步，将"变量"积木块拖到"等于"积木块上组合成一个整体；第二步，将新组合的积木块拖到"如果..那么"积木块上组合起来。

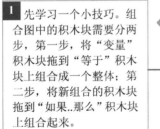

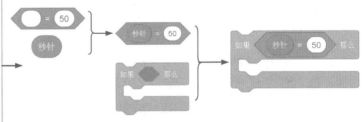

图 6-8 编写分针的脚本

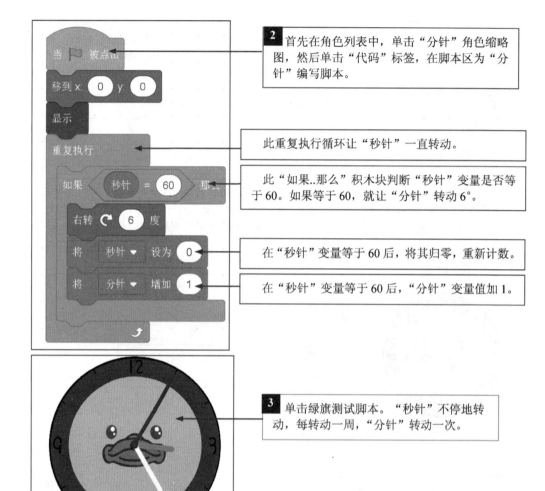

2 首先在角色列表中，单击"分针"角色缩略图，然后单击"代码"标签，在脚本区为"分针"编写脚本。

此重复执行循环让"秒针"一直转动。

此"如果..那么"积木块判断"秒针"变量是否等于60。如果等于60，就让"分针"转动6°。

在"秒针"变量等于60后，将其归零，重新计数。

在"秒针"变量等于60后，"分针"变量值加1。

3 单击绿旗测试脚本。"秒针"不停地转动，每转动一周，"分针"转动一次。

图 6-8　编写分针的脚本（续）

6.7　设计时针的脚本

由于分针转动60次，时针才转动1次，因此对于时针的脚本，也要不断判断变量"分针"的值，只有变量"分针"的值等于60时，时针才转动1次。另外，在"分针"变量等于60时，也要将"分针"变量归零，让它重新开始记数，如图6-9所示。

扫码观看视频

1 在角色列表中，单击"时针"角色缩略图，然后单击"代码"标签，在脚本区为"分针"编写脚本。

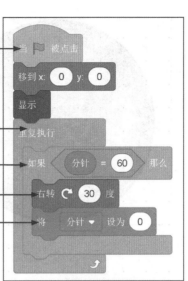

此重复执行循环让"分针"一直转动。

此"如果..那么"积木块判断"分针"变量是否等于60。如果等于60，就让"时针"转动30°。因为只有12个小时，所以"时针"一圈只转12次，即每次转30°。

在"分针"变量等于60后，将其归零，重新计数。

2 测试脚本。单击绿旗，观察秒针、分针和时针的运转，转动正常。不过发现一个问题。当"分针"转到6点位置时，即转动30次后，"时针"一直没动。真实的钟表在分针转到6点位置时，时针也相应的走到一小时的中间刻度。那么怎么解决这个问题呢？将"时针"的转动角度和"分针"一样变成为6°。由于时针从12点位置转到1点的位置需要转动30°角，这就需要转动5次。原先计算的是分针转动60次，时针转动一次转动30°，如果分5次转动，那么分针每转动12次，时针就需要转动一次，转动6°。

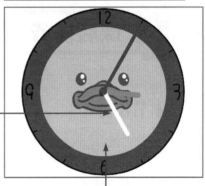

小技巧：如果想快速地测试脚本是否正常。可以将"分针"和"时针"脚本中的"秒针=60"和"分针=60"积木块的参数暂时修改为10，这样可以快速看到测试结果。测试完后，再将其修改为60。

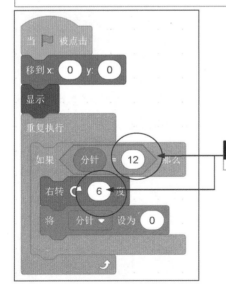

3 修改图中两个参数。

图6-9 时针的脚本

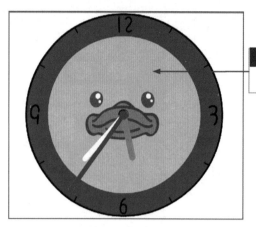

4 测试脚本。单击绿旗，秒针、分针、时针转动变得更真实。

图 6-9　时针的脚本（续）

6.8　课后任务

本节任务

制作自己的《卡通电子时钟》，在制作过程中，可以自己通过画图来绘制表盘、时针、分针和秒针。

拓展任务

添加多个形状的表盘，然后编写脚本，钟表在 3 点、6 点、9 点、12 点 4 个整点时，分别换一个好看的表盘（提示：需要新建一个时针的变量）。

海洋捕鱼游戏

课程内容

在这节课中我们将制作海洋捕鱼的游戏。通过鼠标控制蛙人在海中潜水捕鱼，同时还要躲避鲨鱼，当被鲨鱼咬到后，生命值会减少。当捕的鱼达到一定数量后过关，进入第二关。当把身边的鱼都捕完时，游戏胜利。

知识点

（1）克隆
（2）条件语句
（3）旋转方式
（4）跟随鼠标
（5）变量

用到的基本指令

（1）当绿旗被点击
（2）重复执行
（3）重复执行直到
（4）如果…那么
（5）碰到人？
（6）移到随机位置
（7）将得分增加 1
（8）将得分设为 0
（9）右转 15 度
（10）显示
（11）隐藏
（12）播放声音

（13）移动 10 步
（14）碰到边缘就反弹
（15）将旋转方式设为左右翻转
（16）换成…造型
（17）克隆自己
（18）当作为克隆体启动时
（19）删除克隆体
（20）等待 1 秒
（21）停止全部脚本
（22）广播消息 1
（23）当接收到消息 1

7.1 游戏制作分析

扫码观看视频

1. 故事与玩法要求

在美丽的大海中，有很多漂亮的鱼类，不过也有危险的大鲨鱼。故事与玩法要求如图 7-1 所示。

游戏中玩家控制人捕鱼，每捕到一条鱼得100分。当被大鲨鱼咬到，生命值减少50。当生命值为0时，游戏结束。当捕到一定数量的鱼后，游戏过关，进入第二关。当把身边的鱼都捕完时，玩家获胜。

图 7-1 玩法要求

2. 程序演示

程序演示如图 7-2 所示（扫描二维码观看演示）。

图 7-2 程序演示

3．背景、角色分析

在正式制作程序前，请先分析一下程序中需要几个背景、总共有几个角色、几个造型，如图 7-3 所示。

程序中有 1 条鱼，1 个人，1 条鲨鱼，还有关卡控制、游戏结束、胜利，共 6 个角色。另外有两个海底的背景。

图 7-3　程序背景和角色分析

4．行为、规则分析

所有角色行为、规则分析如图 7-4 所示。

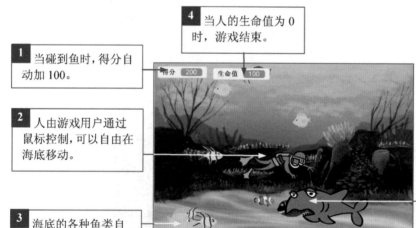

4 当人的生命值为 0 时，游戏结束。

1 当碰到鱼时，得分自动加 100。

2 人由游戏用户通过鼠标控制，可以自由在海底移动。

3 海底的各种鱼类自由地在海底游荡。

5 当人碰到鲨鱼时，鲨鱼张开大嘴咬人，同时人的生命值减少 50。

图 7-4　行为和规则分析

扫码观看视频

7.2　难点解析之克隆

克隆就是复制自己，任何角色都能使用克隆积木创建出自己或其他角色的克隆体，甚至连舞台也可以使用克隆。Scratch中"克隆"有关积木块如图7-5所示。

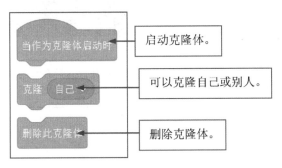

图7-5　有关克隆的积木块

克隆体会继承原角色的所有状态和属性，包括当前位置、方向、造型、效果属性等。另外，可以对克隆体的大小、方向、位置、颜色、造型等进行设置，如图7-6所示。

图7-6　克隆体

克隆体运行一定脚本后，可以对其进行删除，删除克隆体后对原角色没有任何影响。另外，克隆体也可以被克隆，即当重复执行克隆功能时，原角色和克隆体同时被克隆，角色的数量是成指数级增长的。

7.3　给小鱼一个美丽的海洋世界

制作程序的第一步，先删除不用的小猫，然后添加需要的背景，如图7-7所示。

在背景列表区单击"选择一个背景"按钮，然后在背景库将"Underwater1"背景图分别添加到舞台。再操作一次将"Underwater2"背景也添加进来。

图 7-7　添加背景

7.4　游戏角色登场

下面开始为游戏添加部分角色，主要有小鱼、鲨鱼、人，如图 7-8 所示

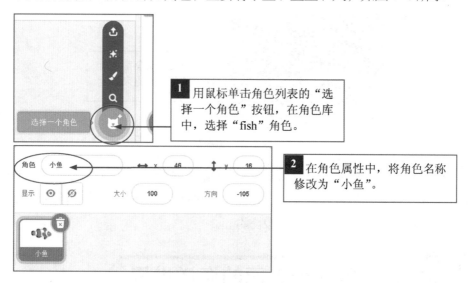

1 用鼠标单击角色列表的"选择一个角色"按钮，在角色库中，选择"fish"角色。

2 在角色属性中，将角色名称修改为"小鱼"。

图 7-8　游戏角色登场

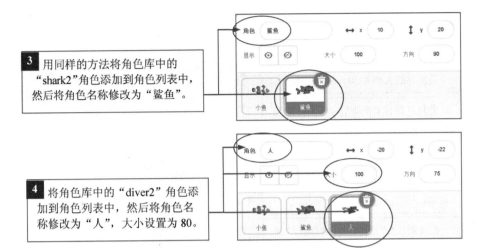

3 用同样的方法将角色库中的"shark2"角色添加到角色列表中，然后将角色名称修改为"鲨鱼"。

4 将角色库中的"diver2"角色添加到角色列表中，然后将角色名称修改为"人"，大小设置为80。

图 7-8　游戏角色登场（续）

扫码观看视频

7.5 克隆小鱼生成鱼群

下面为小鱼编写代码，生成鱼群，并让鱼群在海底自由自在地游来游去，如图 7-9 所示。

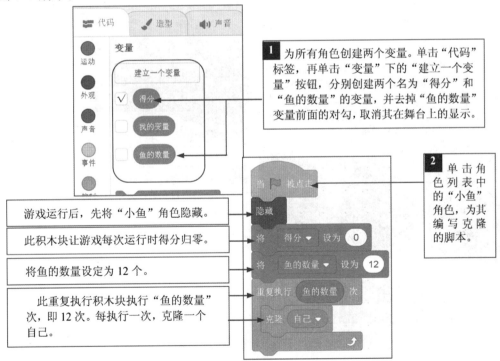

1 为所有角色创建两个变量。单击"代码"标签，再单击"变量"下的"建立一个变量"按钮，分别创建两个名为"得分"和"鱼的数量"的变量，并去掉"鱼的数量"变量前面的对勾，取消其在舞台上的显示。

2 单击角色列表中的"小鱼"角色，为其编写克隆的脚本。

游戏运行后，先将"小鱼"角色隐藏。

此积木块让游戏每次运行时得分归零。

将鱼的数量设定为 12 个。

此重复执行积木块执行"鱼的数量"次，即 12 次。每执行一次，克隆一个自己。

图 7-9　克隆小鱼生成鱼群

125

3 编写克隆体的脚本。此积木专门用来启动克隆体。

克隆体的大小为 30~60 间随机数。

此角色共有 4 个造型，造型在造型 1~4 间随机选择。

此积木块可以避免小鱼克隆体直线运动。

在碰到"人"之前，会一直运行"重复执行直到"积木块中间部分的脚本，即让小鱼克隆体一直运动，碰到边缘反弹，遇到"人"快速游走。

此积木块可以避免小鱼克隆体碰到边缘反弹时上下翻转。

此"如果..那么"积木块判断克隆体到人的距离是否小于 80，如果小于 80 则在 0.2 秒内滑行到随机位置。这个脚本模拟鱼遇到人后，快速游走的情形。

在克隆体碰到"人"之后，将"得分"值加 100，将"鱼的数量"减少 1。

在克隆体碰到"人"之后，删除此克隆体，就像鱼被捕到一样。

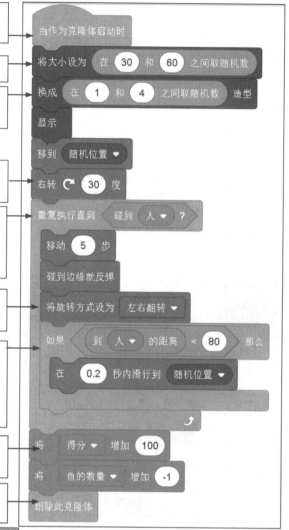

4 运行一下游戏。鱼群各式各样，大小不一，自由自在地在海中游来游去。

图 7-9　克隆小鱼生成鱼群（续）

7.6 凶猛的鲨鱼来了

接下来为鲨鱼编写脚本，鲨鱼在遇到人之后不会跑，而是张
开大嘴咬，如图 7-10 所示。

扫码观看视频

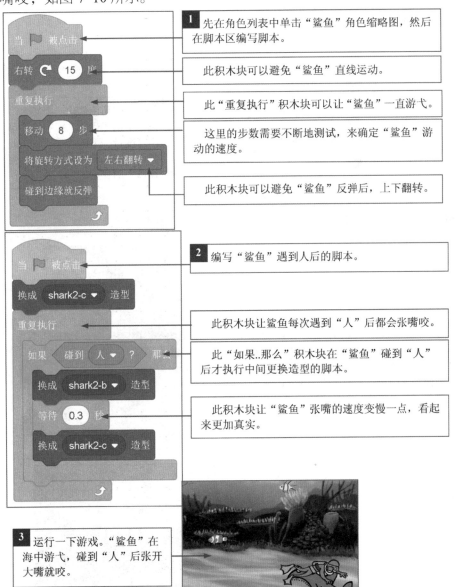

1 先在角色列表中单击"鲨鱼"角色缩略图，然后在脚本区编写脚本。

此积木块可以避免"鲨鱼"直线运动。

此"重复执行"积木块可以让"鲨鱼"一直游弋。

这里的步数需要不断地测试，来确定"鲨鱼"游动的速度。

此积木块可以避免"鲨鱼"反弹后，上下翻转。

2 编写"鲨鱼"遇到人后的脚本。

此积木块让鲨鱼每次遇到"人"后都会张嘴咬。

此"如果..那么"积木块在"鲨鱼"碰到"人"后才执行中间更换造型的脚本。

此积木块让"鲨鱼"张嘴的速度变慢一点，看起来更加真实。

3 运行一下游戏。"鲨鱼"在海中游弋，碰到"人"后张开大嘴就咬。

图 7-10 为鲨鱼编写脚本

扫码观看视频

7.7 实现鼠标控制人捕鱼

人角色的脚本主要实现鼠标控制"人"角色，当人遇到鲨鱼时说"鲨鱼！快跑！"，然后生命值减少，如果生命值变为0，则游戏停止运行。当人碰到小鱼时，游戏得分自动增加100分，如图7-11所示。

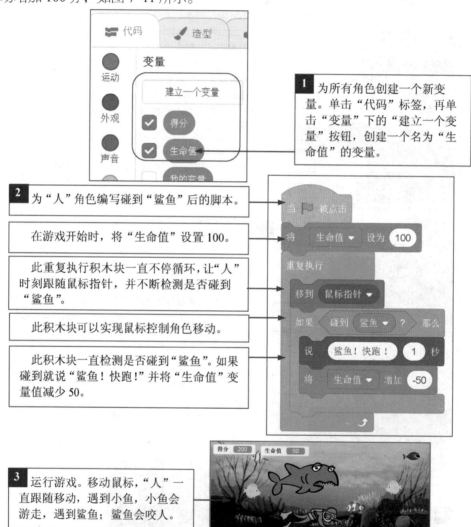

图7-11 编写人的脚本

7.8 游戏控制

扫码观看视频

下面创建一个游戏控制的角色，让其控制游戏的关卡、游戏结束和游戏胜利，如图 7-12 所示。

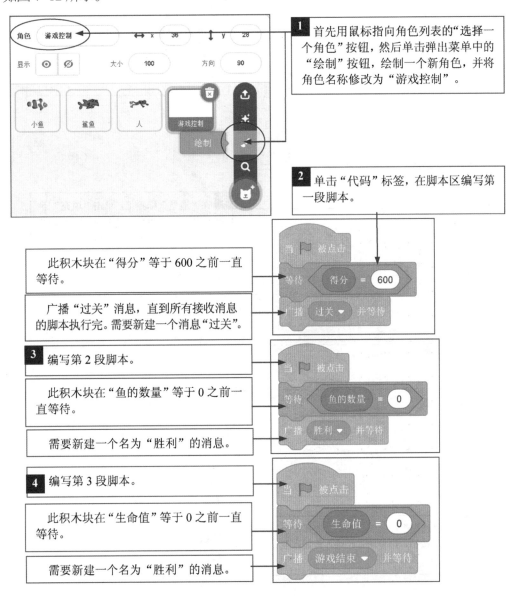

1 首先用鼠标指向角色列表的"选择一个角色"按钮，然后单击弹出菜单中的"绘制"按钮，绘制一个新角色，并将角色名称修改为"游戏控制"。

2 单击"代码"标签，在脚本区编写第一段脚本。

此积木块在"得分"等于 600 之前一直等待。

广播"过关"消息，直到所有接收消息的脚本执行完。需要新建一个消息"过关"。

3 编写第 2 段脚本。

此积木块在"鱼的数量"等于 0 之前一直等待。

需要新建一个名为"胜利"的消息。

4 编写第 3 段脚本。

此积木块在"生命值"等于 0 之前一直等待。

需要新建一个名为"胜利"的消息。

图 7-12 编写游戏控制的脚本

7.9 提示和音乐

为游戏设计一些过关提示、胜利提示、游戏结束提示及游戏的音乐，可以使游戏更加生动有趣，如图 7-13 所示。

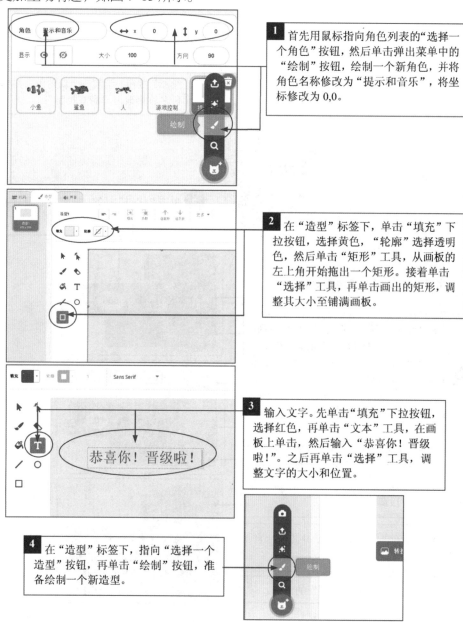

1 首先用鼠标指向角色列表的"选择一个角色"按钮，然后单击弹出菜单中的"绘制"按钮，绘制一个新角色，并将角色名称修改为"提示和音乐"，将坐标修改为 0,0。

2 在"造型"标签下，单击"填充"下拉按钮，选择黄色，"轮廓"选择透明色，然后单击"矩形"工具，从画板的左上角开始拖出一个矩形。接着单击"选择"工具，再单击画出的矩形，调整其大小至铺满画板。

3 输入文字。先单击"填充"下拉按钮，选择红色，再单击"文本"工具，在画板上单击，然后输入"恭喜你！晋级啦！"。之后再单击"选择"工具，调整文字的大小和位置。

4 在"造型"标签下，指向"选择一个造型"按钮，再单击"绘制"按钮，准备绘制一个新造型。

图 7-13　设计提示和音乐

5 单击"填充"下拉按钮，选择玫红色，"轮廓"为透明色，然后单击"矩形"工具，从画板的上拖出一个小矩形。接着单击"选择"工具，再单击画出的矩形，调整其大小和位置。

拖动小圆点可以调整大小。

6 输入文字。先单击"填充"下拉按钮，选择黄色，再单击"文本"工具，在画板上单击，然后输入"你赢啦！"。之后再单击"选择"工具，调整文字的大小和位置。

你赢啦！

7 用同样的方法，再绘制一个游戏结束造型。矩形颜色选择为黑色，然后输入白色的"游戏结束"文字。

游戏结束

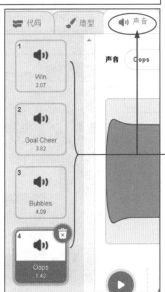

8 添加声音。单击"声音"标签，然后单击"选择一个声音"按钮，从声音库中选择声音"Win"。接着再分别添加声音"Goal Cheer""Bubbles""Oops"。

图 7-13 设计提示和音乐（续）

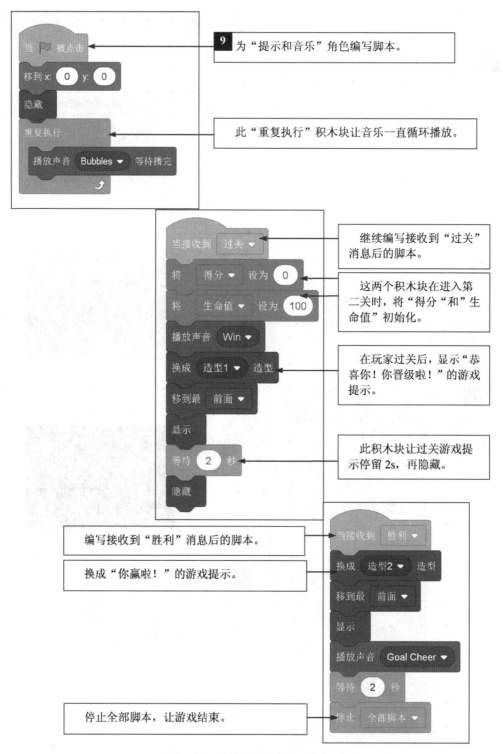

图7-13　设计提示和音乐（续）

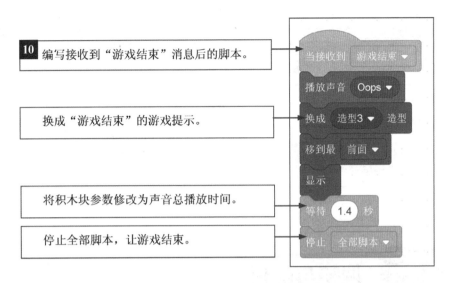

10 编写接收到"游戏结束"消息后的脚本。

换成"游戏结束"的游戏提示。

将积木块参数修改为声音总播放时间。

停止全部脚本,让游戏结束。

11 运行游戏。人到处捕鱼,然后出现过关提示,当碰到鲨鱼,生命值减少为0时,提示"游戏结束"。当捕完所有的鱼后,提示"你赢啦!游戏结束"。

图 7-13 设计提示和音乐(续)

7.10 设置关卡对应的背景

在每一关中,都使用一个不同的背景,接下来为背景编程,实现关卡切换时背景也跟着切换。在"舞台"列表中单击"背景"缩略图,如图 7-14 所示。

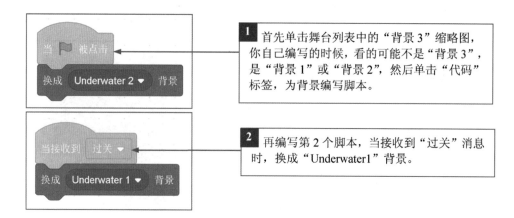

1 首先单击舞台列表中的"背景3"缩略图，你自己编写的时候，看的可能不是"背景3"，是"背景1"或"背景2"，然后单击"代码"标签，为背景编写脚本。

2 再编写第2个脚本，当接收到"过关"消息时，换成"Underwater1"背景。

图 7-14 为背景编程

7.11 调整与优化

在运行游戏时，如果游戏有一些问题或不理想的地方，通常是由于脚本中存在一些错误或漏洞。这些错误或漏洞称为"Bug"，也叫臭虫。那么去掉这些 Bug，也叫除虫。

比如，在运行捕鱼游戏时，发现当游戏出现"游戏结束"的提示后，有时还会紧接着出现"过关"的提示。这是由于"游戏结束"的脚本中，有一个"等待 1.4 秒"的积木块，执行游戏结束的脚本后，并没有马上停止所有脚本，而是 1.4 秒之后才停止所有脚本。如果在这 1.4 秒里，正好有小鱼碰到人，积分也刚好达到过关标准，就会触发过关的脚本，出现上述问题。

接下来将修复这个 Bug。在"小鱼"角色中增加一个接收"游戏结束"的脚本，如图 7-15 所示。

接收到"游戏结束"消息后，删除所有克隆体。

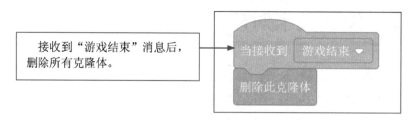

图 7-15 修改 Bug

7.12　课后任务

本节任务

制作自己喜爱的《捕鱼游戏》，在制作过程中，可以增加自己喜爱的动物，并按照他们的运行规律编写脚本，如水母放电等。

拓展任务

1）在编写《捕鱼游戏》时，给游戏增加一个倒计时功能，当到达规定的时间后，游戏结束。

2）给游戏编写一段脚本，当按下空格键时，游戏停止运行。

第4篇 高级编程篇

本篇将学习 Scratch 中的几个难点知识，并带大家编写几个有一定难度的游戏。通过对实例的学习，掌握 Scratch 软件中自制积木、列表、变量、子程序、重力、角色跳跃控制、角色左右运动控制、角色弹射控制、游戏提示、游戏关卡设计、漏洞的修复技巧、游戏的调试技巧等知识。本篇主要针对有一定 Scratch 编程基础的读者。

本篇内容：

第8章：超级玛丽游戏。将编写一款超级玛丽的探险游戏。通过对编写游戏过程的学习，掌握自制积木的用法，掌握角色跳跃的控制方法，掌握角色左右运动的控制方法，掌握子程序的用法，掌握漏洞的修复技巧，掌握复杂游戏关卡的切换方法，掌握游戏的调试技巧等。

第9章：愤怒的小鸟游戏。将编写一款休闲益智类游戏。通过对编写游戏过程的学习，掌握抛物运动的控制方法，掌握角色弹射的控制方法，掌握游戏分值显示的设计方法，掌握游戏控制的设计方法等。

第10章：劲舞团游戏。将编写一款休闲益智类游戏。通过此章的学习，掌握列表的创建方法，掌握列表值的调用技巧，掌握克隆功能的使用技巧，掌握游戏的控制和调试方法等。

超级玛丽游戏

课程内容

在这节课中，我们将制作一款超级玛丽的游戏。在游戏中，玛丽通过跳跃、前进等技能避开怪物，并收集金币，最后成功抵达游戏终点获胜。

知识点

（1）自制积木
（2）重力
（3）子程序
（4）跳跃
（5）游戏关卡切换

用到的基本指令

（1）当绿旗被点击
（2）当接收到消息 1
（3）广播消息 1
（4）如果…那么
（5）如果…那么…否则
（6）等待…
（7）将我的变量设为 0
（8）显示
（9）隐藏
（10）等待…
（11）播放声音

（12）将我的变量增加 1
（13）面向 90 方向
（14）＜50
（15）=50
（16）不成立
（17）碰到场景？
（18）重复执行
（19）重复执行直到
（20）移到 x：y：
（21）换成…造型
（22）停止全部脚本

8.1 游戏制作分析

扫码观看视频

1. 故事与玩法要求

超级玛丽是一款探险的游戏。在游戏中，玩家操控玛丽去各个地方探险，并收集金币。玩家可以使用空格键让玛丽跳跃，使用方向键让玛丽向前走、向后退。当玛丽碰到金币时，金币会自动被收集。探险的途中会遇到各种危险，有陷阱、有怪兽，如果不小心碰到怪兽，游戏将结束，如图8-1所示。

图 8-1　玩法要求

2. 程序演示

程序演示如图8-2所示（扫描二维码观看演示）。

3. 背景、角色分析

在正式制作程序前，请先分析一下程序中需要几个背景、总共有几个角色、几个造型，如图8-3所示。

图 8-2 程序演示

图 8-3 程序背景和角色分析

4. 行为、规则分析

所有角色行为、规则分析如图 8-4 所示。

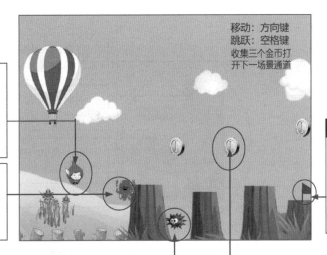

移动: 方向键
跳跃: 空格键
收集三个金币打
开下一场景通道

1 按左右键时，玛丽前后移动，按空格键时，玛丽向上跳跃。当玛丽遇到危险时，会发出惊恐的声音。

2 此怪物在一定范围内来回走动。当碰到玛丽时，会咬死玛丽，游戏结束。

5 当玛丽遇到小旗时，自动跳到下一个场景。

3 此怪物静止不动。当碰到玛丽时，玛丽会被扎死，游戏结束。

4 当金币碰到玛丽时，会隐藏自己，同时发出金属滚动的声音。

图 8-4 行为和规则分析

8.2 难点解析之子程序、重力

（1）子程序

在 Scratch 中，可以把一组指令块放在一个叫"定义…"的自制积木下面，这个积木块可以自己起一个名字，然后用的这个新积木块来运行一组脚本。当很多地方都需要用到这一组脚本时，用这个方法可以节约时间，避免再次编写同样的一组脚本。图 8-5 所示为新建的积木块和为其编写的脚本。

不过为角色制作的新积木块只能在这个角色中使用。如果想在其他角色中使用，需要将新积木块和其脚本一起复制给其他角色。

在大多数编程语言中，可以把有用的指令打包在一起。不同的编程语言用不同的方式来命名这些单元，子程序、过程、函数都是比较常用的叫法。

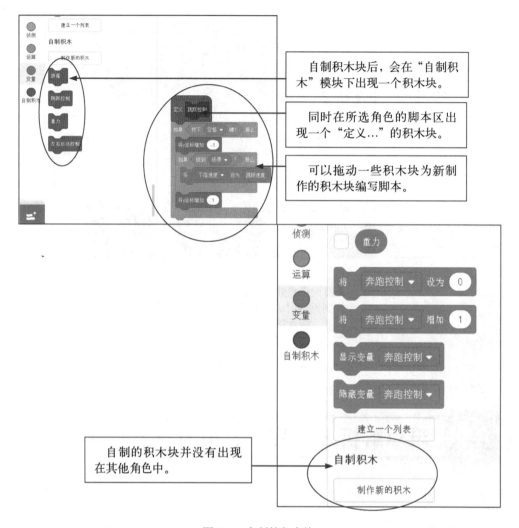

图 8-5　自制的积木块

（2）重力

要实现重力的效果，只要给角色添加一个向下的运动即可。只要移动时 y 坐标为负数，就会向下运动。

另外，如果试图沿直线抛出一个物体，它总是会在重力的作用下划出一道落向地面的弧线。为了让游戏角色以同样的方式运行，先让角色沿直线运动，同时在角色每一次位移之后添加一次向下的运动，这样就能模拟出持续不断的重力下拉效果。

8.3　实现左右运动控制

扫码观看视频

先编写一段脚本来实现角色的左右运动，如图8-6所示。

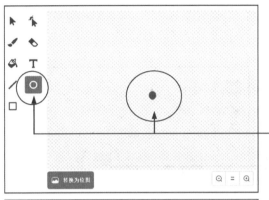

1 用鼠标指向角色列表下面的"选择一个角色"按钮，然后单击弹出菜单中的"绘制"按钮，准备绘制一个角色。按住〈Shift〉键，用圆形工具在画板拖出一个圆形。先不用调整大小。

2 将新建的角色名称修改为"小球"。

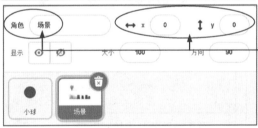

3 再次添加角色。鼠标指向"选择一个角色"按钮，然后单击弹出菜单中的"上传角色"按钮，接着从电脑上传一个提前准备好的游戏场景文件。接下来将添加的角色名称修改为"场景"，坐标修改为0,0。

4 调整角色。单击"造型"标签，然后单击画笔下面的"转换为矢量图"按钮，将角色图片转换成矢量图，这样就可以调整角色了。

图8-6　左右运动控制

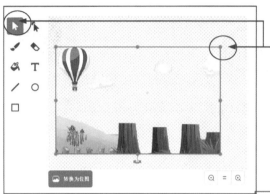

5 先单击"选择"工具，然后单击画板上的角色，通过拖动其周边的 8 个小圆点进行调整，使其尽量充满画板。调整的同时，可以根据舞台上的角色大小来调整。

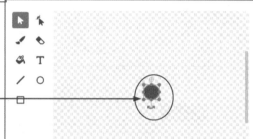

6 再单击"小球"，然后在"造型"标签中的画板中调整"小球"的大小，参考下图进行调整。调整到可以来回在图中空隙中移动即可。另外注意将"小球"移到中心点上。

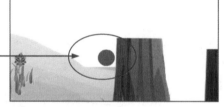

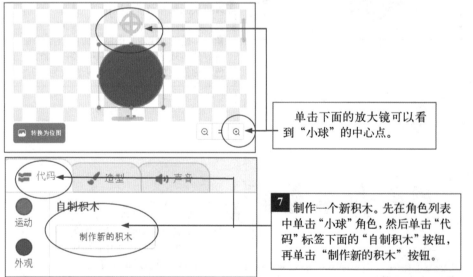

单击下面的放大镜可以看到"小球"的中心点。

7 制作一个新积木。先在角色列表中单击"小球"角色，然后单击"代码"标签下面的"自制积木"按钮，再单击"制作新的积木"按钮。

图 8-6 左右运动控制（续）

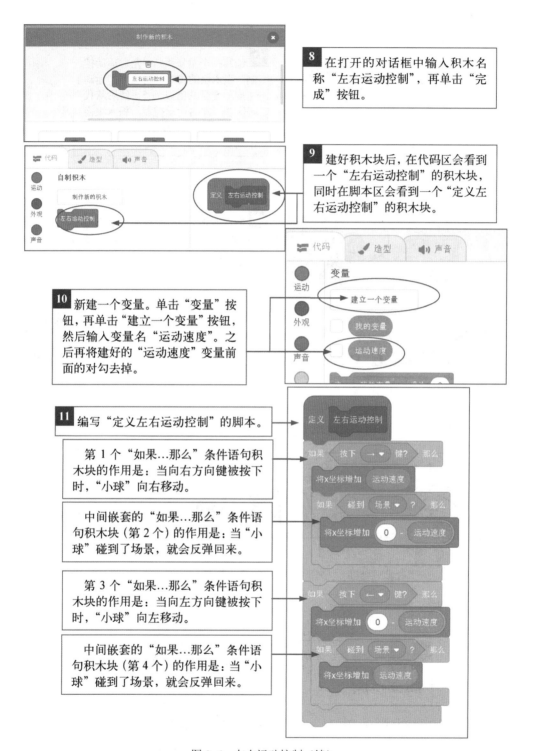

8 在打开的对话框中输入积木名称"左右运动控制",再单击"完成"按钮。

9 建好积木块后,在代码区会看到一个"左右运动控制"的积木块,同时在脚本区会看到一个"定义左右运动控制"的积木块。

10 新建一个变量。单击"变量"按钮,再单击"建立一个变量"按钮,然后输入变量名"运动速度"。之后再将建好的"运动速度"变量前面的对勾去掉。

11 编写"定义左右运动控制"的脚本。

第 1 个"如果...那么"条件语句积木块的作用是:当向右方向键被按下时,"小球"向右移动。

中间嵌套的"如果...那么"条件语句积木块(第 2 个)的作用是:当"小球"碰到了场景,就会反弹回来。

第 3 个"如果...那么"条件语句积木块的作用是:当向左方向键被按下时,"小球"向左移动。

中间嵌套的"如果...那么"条件语句积木块(第 4 个)的作用是:当"小球"碰到了场景,就会反弹回来。

图 8-6 左右运动控制(续)

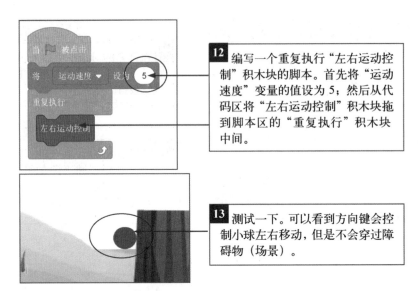

12 编写一个重复执行"左右运动控制"积木块的脚本。首先将"运动速度"变量的值设为 5；然后从代码区将"左右运动控制"积木块拖到脚本区的"重复执行"积木块中间。

13 测试一下。可以看到方向键会控制小球左右移动，但是不会穿过障碍物（场景）。

图 8-6 左右运动控制（续）

8.4 实现上下跳跃控制

扫码观看视频

在游戏中，玛丽不但左右移动，还要上下跳跃，越过障碍物。但是没有重力的话，角色就无法跳跃。所以先编写一个模拟重力的脚本，然后再编写跳跃的脚本，如图 8-7 所示。

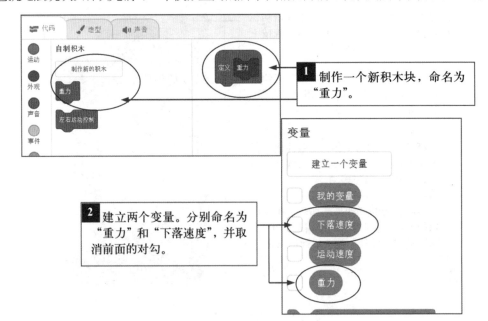

1 制作一个新积木块，命名为"重力"。

2 建立两个变量。分别命名为"重力"和"下落速度"，并取消前面的对勾。

图 8-7 上下跳跃控制

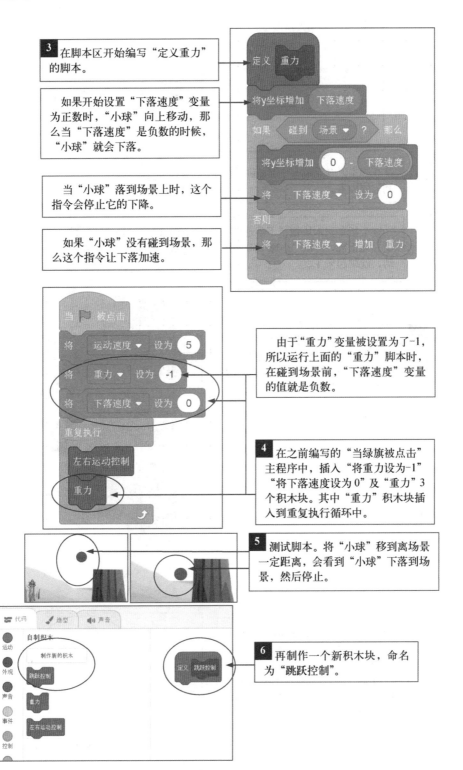

3 在脚本区开始编写"定义重力"的脚本。

如果开始设置"下落速度"变量为正数时,"小球"向上移动,那么当"下落速度"是负数的时候,"小球"就会下落。

当"小球"落到场景上时,这个指令会停止它的下降。

如果"小球"没有碰到场景,那么这个指令让下落加速。

由于"重力"变量被设置为了-1,所以运行上面的"重力"脚本时,在碰到场景前,"下落速度"变量的值就是负数。

4 在之前编写的"当绿旗被点击"主程序中,插入"将重力设为-1""将下落速度设为0"及"重力"3个积木块。其中"重力"积木块插入到重复执行循环中。

5 测试脚本。将"小球"移到离场景一定距离,会看到"小球"下落到场景,然后停止。

6 再制作一个新积木块,命名为"跳跃控制"。

图 8-7 上下跳跃控制(续)

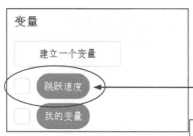

7 再建立一个变量，命名为"跳跃速度"，并取消前面的对勾。

8 在脚本区开始编写"定义跳跃控制"的脚本。

这个指令积木块把"下落速度"设置为正数，所以"小球"向上移动，就跳起来了。

9 在之前编写的"当绿旗被点击"主程序中插入"将跳跃速度设为12"及"跳跃控制"两个积木块。其中"跳跃控制"积木块插入重复执行循环中。

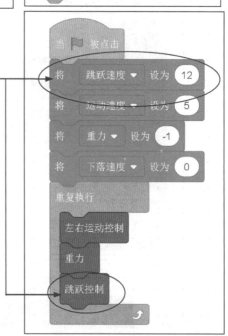

10 测试脚本。短促地按下空格键，"小球"会跳起，再落下。可以把左右移动和跳跃结合起来，让"小球"跳上或越过场景中的障碍物。不过发现有个漏洞，当按住空格键不放手时，"小球"会永远向上。

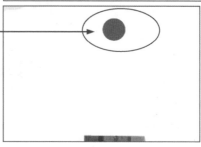

图 8-7　上下跳跃控制（续）

8.5 修复跳跃时的漏洞

扫码观看视频

经过反复测试"小球"左右移动和跳跃，发现跳跃时有两个问题：一个是"小球"会无限上升；另一个是"小球"快接触场景时，下落得不平滑，感觉会有停顿。下面来修复这两个问题，如图 8-8 所示。

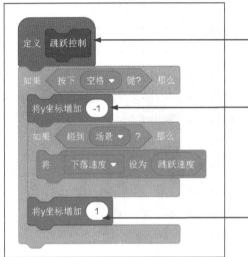

1 要修正无限跳跃的问题，需要让脚本先检测"小球"是在空中，还是在平台上。如果"小球"在空中，则空格键失效。如图修改脚本。

此条指令积木块使按下空格键后，"小球"先向下移动一步，然后检测是否碰到场景。其实之前"小球"停在场景上方时，并没有与场景接触，而是停留在场景上方一步的位置。这是由于之前编写的"重力"脚本是让"小球"碰到场景就弹回，然后以一个缓慢的速度再下落再弹回，所以它最后会停留在场景上方一步的位置。

此条指令积木块抵消向下移动的一步。

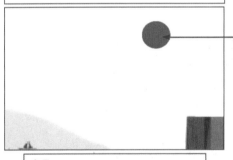

2 测试脚本。连续按下空格键，发现"小球"只能从场景上跳起一次，解决了无限上升的问题。现在看到的"小球"到场景的距离是最大距离。

3 修复"小球"在场景上方停顿的问题。在"小球"上升或下降时，给"小球"增加一个"反作用力"。当"小球"在上升或静止时，给它一个向下的反作用力；当"小球"下降时，给它一个向上的反作用力。这样可以让"小球"降落得更加平稳。所以首先新建一个"反作用力"变量。

图 8-8　修复跳跃时的漏洞

4 按照右图所示修改脚本。

中间这个嵌套的"如果...那么...否则"积木块决定给"小球"用何种反作用力。

如果"小球"在下落（即下落速度为负数），把"反作用力"设定为 1（向上）。

如果"小球"在上升或静止（即下落速度为 0 或正数），把"反作用力"设定为-1（向下）。

将"反作用力"施加给"小球"。

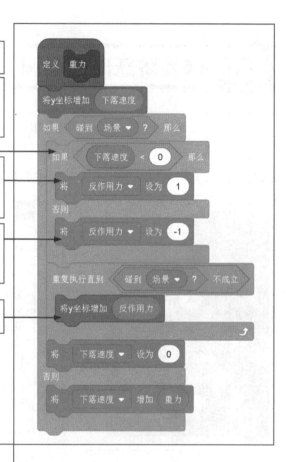

5 测试脚本，发现"小球"跃起的速度非常缓慢。下落的过程中，会看到"小球"落到场景里面，在反作用力作用下，不断地反弹，最终落在平台上方。这是由于脚本运行速度较慢，会显示每次反弹的过程，只要调整一下运行速度即可解决此问题。

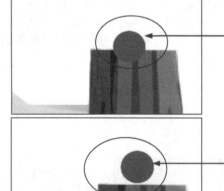

图 8-8　修复跳跃时的漏洞（续）

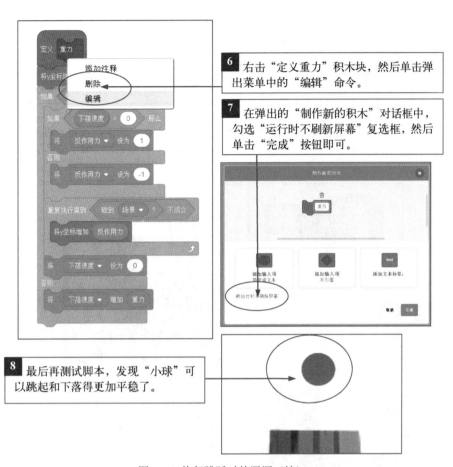

6 右击"定义重力"积木块，然后单击弹出菜单中的"编辑"命令。

7 在弹出的"制作新的积木"对话框中，勾选"运行时不刷新屏幕"复选框，然后单击"完成"按钮即可。

8 最后再测试脚本，发现"小球"可以跳起和下落得更加平稳了。

图 8-8 修复跳跃时的漏洞（续）

8.6 跌落就 GAME OVER

当玩游戏时，玩家有可能操作不慎将"小球"跌落到舞台底部。为了增加游戏难度，我们增加一段脚本，当"小球"跌落到舞台底部时，游戏就结束，如图 8-9 所示。

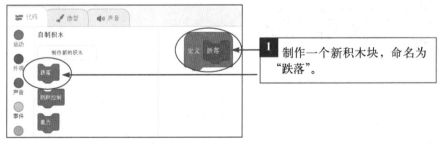

1 制作一个新积木块，命名为"跌落"。

图 8-9 编写跌落游戏结束脚本

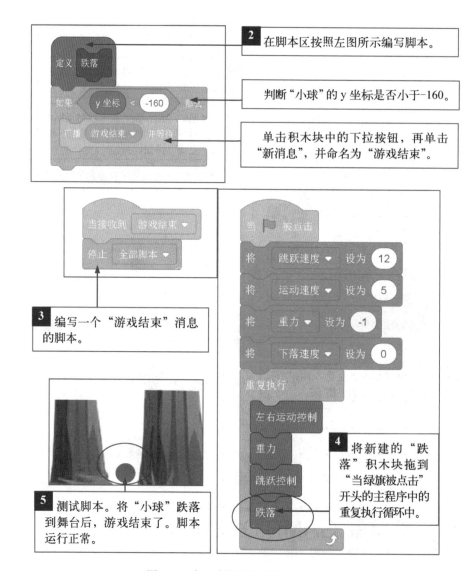

图 8-9　编写跌落游戏结束脚本（续）

8.7　超级玛丽登场

下面游戏的主角玛丽该登场了。从电脑上传一个玛丽的角色，如图 8-10 所示。

1 在角色列表中单击"上传角色"按钮，然后从电脑中选择玛丽的文件，将其添加到角色列表中。然后在角色属性中将角色名称修改为"玛丽"，将大小修改为30。

2 再给"玛丽"角色添加一个造型。单击"造型"标签，再单击"上传造型"按钮，在打开的对话框中选择另一个玛丽的文件，单击"打开"按钮。将其添加到造型中。

3 要实现"玛丽"的左右移动、跳跃，可以把"玛丽"粘在"小球"的前面，这样它就可以随着"小球"移动了。当按下左键或右键时，"玛丽"会在造型间连续切换，看起来像走路。接下来开始编写脚本，首先单击"代码"标签，然后按图中编写脚本。

移动积木块让"玛丽"位于"小球"的位置。

让"玛丽"移到"小球"的前面。

如果按下向右方向键，"玛丽"就朝向右侧。

下一个造型积木块让"玛丽"不断切换造型，形成走路的效果。

如果按下向左方向键，"玛丽"就朝向左侧。

图 8-10 主角登场

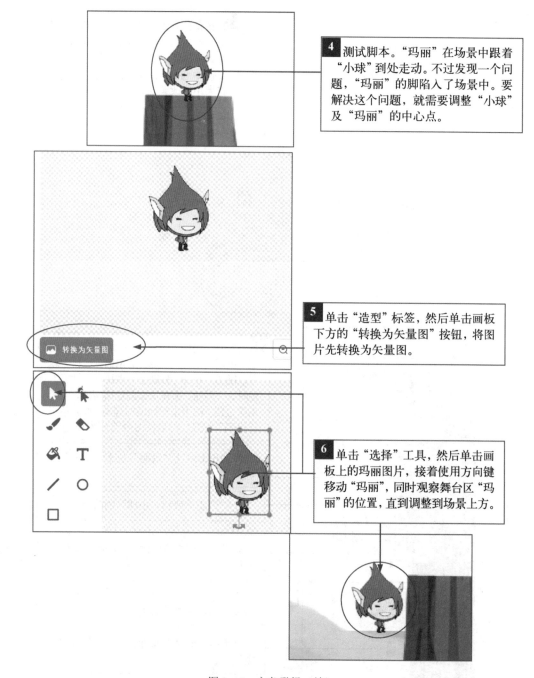

4 测试脚本。"玛丽"在场景中跟着"小球"到处走动。不过发现一个问题，"玛丽"的脚陷入了场景中。要解决这个问题，就需要调整"小球"及"玛丽"的中心点。

5 单击"造型"标签，然后单击画板下方的"转换为矢量图"按钮，将图片先转换为矢量图。

6 单击"选择"工具，然后单击画板上的玛丽图片，接着使用方向键移动"玛丽"，同时观察舞台区"玛丽"的位置，直到调整到场景上方。

图 8-10　主角登场（续）

7 用同样的方法调整第 2 个造型。先转换为矢量图，再调整"玛丽"位置。

8 测试脚本。"玛丽"的脚处于场景上，运动很正常。

图 8-10　主角登场（续）

8.8 失败的玛丽

为了让游戏更加有意思，当玩家碰到怪物或跌落场景，游戏结束时，让玛丽翻转倒下，同时发出惊恐的声音，如图 8-11 所示。

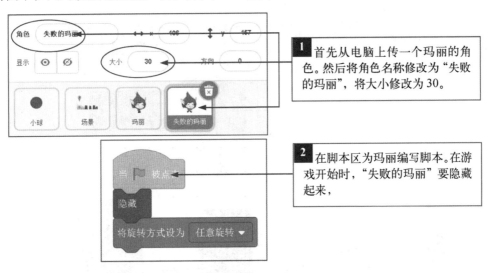

1 首先从电脑上传一个玛丽的角色。然后将角色名称修改为"失败的玛丽"，将大小修改为 30。

2 在脚本区为玛丽编写脚本。在游戏开始时，"失败的玛丽"要隐藏起来，

图 8-11　编写游戏结束的脚本

超好玩的 Scratch 3.5 少儿编程

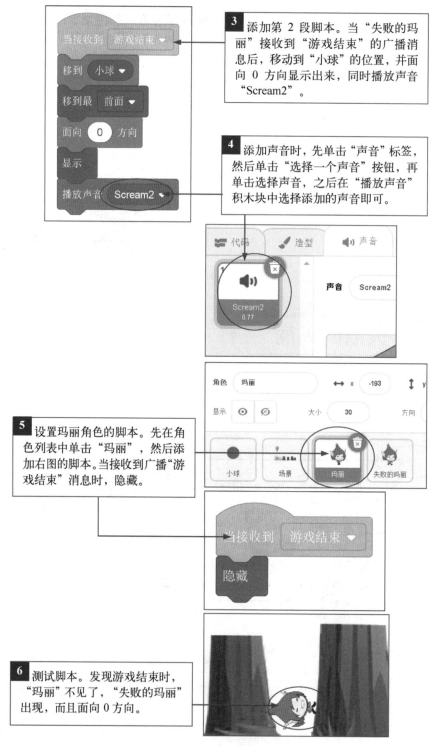

3 添加第 2 段脚本。当"失败的玛丽"接收到"游戏结束"的广播消息后，移动到"小球"的位置，并面向 0 方向显示出来，同时播放声音"Scream2"。

4 添加声音时，先单击"声音"标签，然后单击"选择一个声音"按钮，再单击选择声音，之后在"播放声音"积木块中选择添加的声音即可。

5 设置玛丽角色的脚本。先在角色列表中单击"玛丽"，然后添加右图的脚本。当接收到广播"游戏结束"消息时，隐藏。

6 测试脚本。发现游戏结束时，"玛丽"不见了，"失败的玛丽"出现，而且面向 0 方向。

图 8-11 编写游戏结束的脚本（续）

158

8.9 布置更多游戏场景

玩游戏时，一个场景不够玩，可以设计更多游戏场景。当"玛丽"移动到场景右侧时，自动进入下一个场景。也可以是关卡，当达到一定条件后，跳到下一关，如图8-12所示。

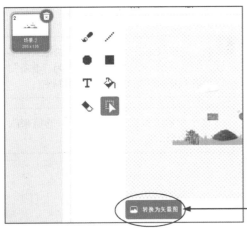

1 下面添加更多场景。先在角色列表中单击"场景"角色，然后再单击"造型"标签，接着鼠标指向"选择一个造型"按钮，然后从弹出的按钮中，单击"上传造型"按钮，从电脑上将场景添加进来。接下来单击画板下方的"转换为矢量图"按钮。将新添加的造型转为矢量图。

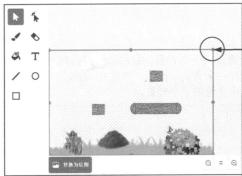

2 用选择工具选择场景图片，通过拖动四边的8个小圆点将大小调整合适，并移动到合适位置。注意：调整时观察舞台上的场景图片位置和大小。

3 用同样的方法添加并调整好其他两个场景（一共4个场景造型）。

图8-12 布置更多场景

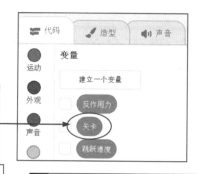

4 为场景编写脚本。首先为场景切换新建一个变量，命名为"关卡"，并取消"关卡"变量前面的对勾（这样就不会在舞台上显示了）。

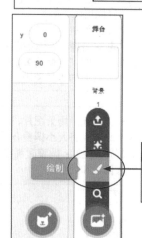

5 将"当接收到游戏结束"积木块拖到脚本区。然后新建一个新消息，命名为"准备"。以后游戏每次开始的时候都会用到它。

这个积木块根据变量"关卡"的值来改变场景造型。

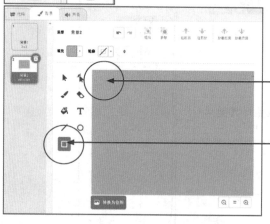

6 给场景设置一个背景。鼠标指向舞台列表"选择一个背景"按钮，再单击"绘制"按钮，准备绘制一个背景。

7 在打开的绘图编辑器中，单击"矩形"工具，然后从画板的左上角拖一个矩形。大小调整为整个画板的尺寸，并将颜色调整为浅蓝色。

图 8-12 布置更多场景（续）

8.10　编写游戏控制脚本

我们需要有一个能让场景发生变化，并且在每一个场景开始的时候为每个角色设置开始的位置。游戏控制脚本首先广播"准备"消息，在每一关开始的时候，它会让角色在规定的位置做好准备。这个"准备"广播指令会一直等到所有接收消息的脚本完成准备任务，才继续向下执行。然后会发出"开始"消息，所有角色的脚本都会被触发，如图 8-13 所示。

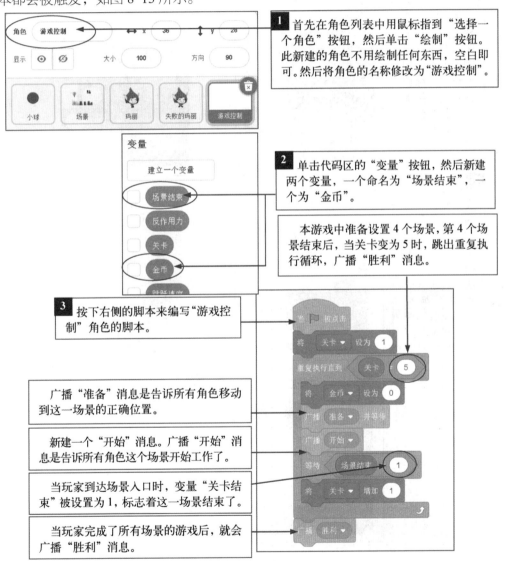

1 首先在角色列表中用鼠标指到"选择一个角色"按钮，然后单击"绘制"按钮。此新建的角色不用绘制任何东西，空白即可。然后将角色的名称修改为"游戏控制"。

2 单击代码区的"变量"按钮，然后新建两个变量，一个命名为"场景结束"，一个为"金币"。

本游戏中准备设置 4 个场景，第 4 个场景结束后，当关卡变为 5 时，跳出重复执行循环，广播"胜利"消息。

3 按下右侧的脚本来编写"游戏控制"角色的脚本。

广播"准备"消息是告诉所有角色移动到这一场景的正确位置。

新建一个"开始"消息。广播"开始"消息是告诉所有角色这个场景开始工作了。

当玩家到达场景入口时，变量"关卡结束"被设置为1，标志着这一场景结束了。

当玩家完成了所有场景的游戏后，就会广播"胜利"消息。

图 8-13　编写游戏控制脚本

8.11　调整小球和玛丽的主脚本

之前编写的小球和玛丽的主脚本是以"当绿旗被点击"开头的，接下来修改一下小球和玛丽的主脚本，让其在接收到"游戏控制"角色发出"准备"和"开始"的广播消息后被激活，如图 8-14 所示。

1 在角色列表中单击"小球"，然后在脚本区，将下面主脚本的开头积木块"当绿旗被点击"换成"当接收到开始"积木块。

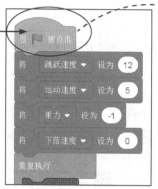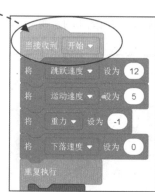

2 再在角色列表中单击"玛丽"，然后在脚本区，将下面主脚本的开头积木块"当绿旗被点击"换成"当接收到开始"积木块。

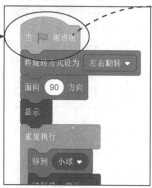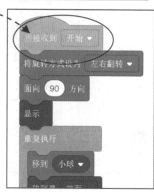

3 按照左侧脚本，给"玛丽"角色编写一段接收"准备"消息时的脚本。让"玛丽"在接到"准备"消息时，粘到"小球"上面，并在最前面显示。

图 8-14　调整小球和玛丽的主脚本

8.12 设置小球在各个场景开始的位置

由于每一个场景都不一样，所以需要在每一个场景开始时，给"小球"定位一个开始的位置。这样当接收到"准备"消息后，"小球"就会移动到场景开始的位置，如图 8-15 所示。

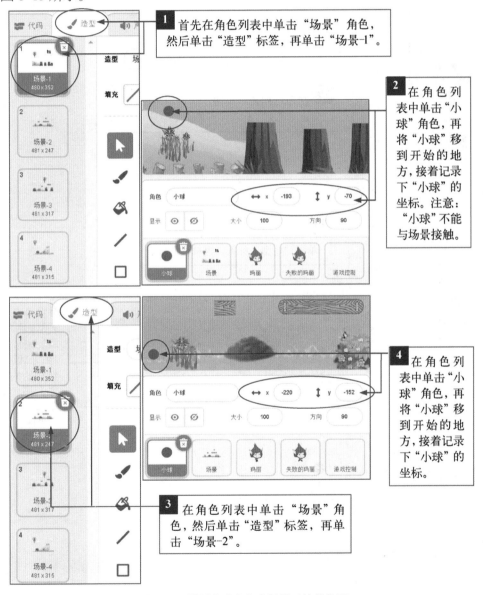

1 首先在角色列表中单击"场景"角色，然后单击"造型"标签，再单击"场景-1"。

2 在角色列表中单击"小球"角色，再将"小球"移到开始的地方，接着记录下"小球"的坐标。注意："小球"不能与场景接触。

3 在角色列表中单击"场景"角色，然后单击"造型"标签，再单击"场景-2"。

4 在角色列表中单击"小球"角色，再将"小球"移到开始的地方，接着记录下"小球"的坐标。

图 8-15 设置小球在各个场景开始的位置

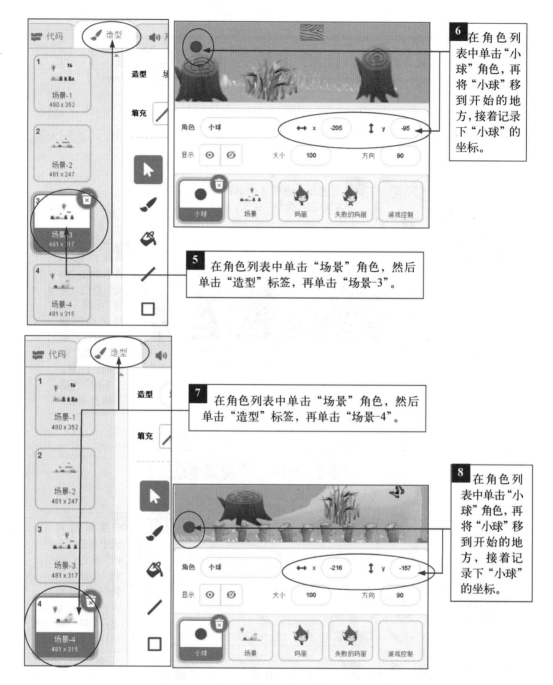

6 在角色列表中单击"小球"角色，再将"小球"移到开始的地方，接着记录下"小球"的坐标。

5 在角色列表中单击"场景"角色，然后单击"造型"标签，再单击"场景-3"。

7 在角色列表中单击"场景"角色，然后单击"造型"标签，再单击"场景-4"。

8 在角色列表中单击"小球"角色，再将"小球"移到开始的地方，接着记录下"小球"的坐标。

图8-15　设置小球在各个场景开始的位置（续）

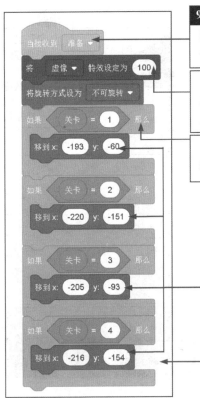

9 在角色列表中单击"小球"角色,然后在脚本区按照左侧的脚本编写。使"小球"在接收到"准备"消息时为每一场景设定开始位置。

此积木块是"将颜色特效设定为0"积木块,将参数选择了"虚像"。将"虚像"设定为100后,"小球"将变成透明的。

"如果…那么"脚本用来判断所在场景,将"小球"移到此场景"小球"开始的位置。

这是每个场景对应的"小球"开始位置的坐标,按照之前记录的坐标填好即可。

注意: 如果设置"小球"位置坐标后,按空格键运行游戏后,"小球"无法跳跃了,是因为"小球"离场景太近了,需要在这个脚本中调整一下"小球"的坐标。

图 8-15 设置小球在各个场景开始的位置(续)

8.13 场景切换的设置

下面为各个场景设置一个入口,就像一道门一样,当满足一定条件后,入口出现,玩家就可以通过入口进入到另一个场景,其实和关卡入口一样,如图8-16所示。

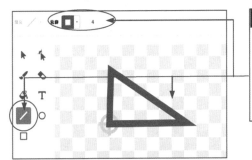

1 在角色列表中单击"绘制"按钮,准备绘制一个新角色。接下来在打开的画板中单击"线段"工具,再将"轮廓"颜色设置为红色(其他颜色也可以),将轮廓粗细设置为4,然后在画板上画出左图所示的三角形。

图 8-16 编写场景切换的脚本

2 单击"填充"工具，并将填充颜色设置为红色，将画出的三角形中间填充成红色。注意：如果无法填充，则是三角形的三条线段没有连接好，需要重新画。

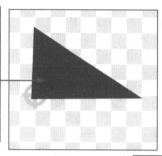

3 再单击"线段"工具，在三角形下方画出一个如图的线段，这样就画出了一个小旗。

4 将新角色的名称修改为"入口"。

5 记录"入口"角色在每一个场景中的坐标。先单击"场景"角色，再单击"造型"标签，然后单击"场景-1"，接下来再在角色列表中单击"入口"角色，将"入口"角色移动到图中的位置，并记录下"入口"的坐标。

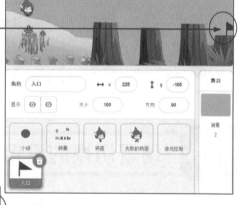

6 用同样的方法分别记下"入口"角色在"场景-2""场景-3""场景-4"中的坐标。

图 8-16 编写场景切换的脚本（续）

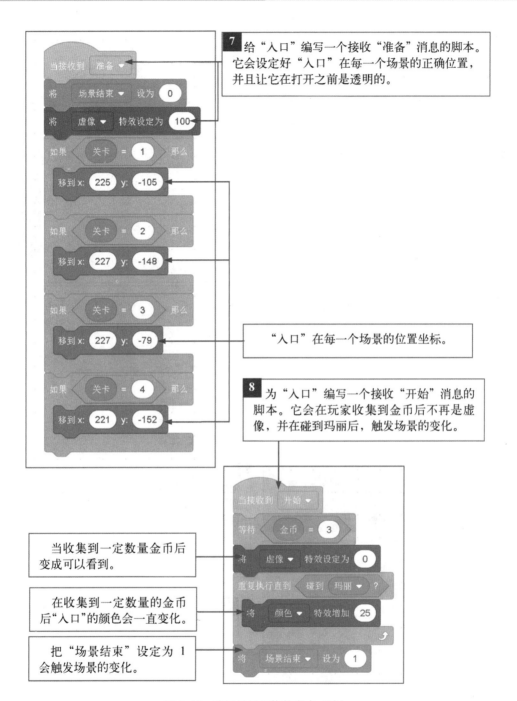

7 给"入口"编写一个接收"准备"消息的脚本。它会设定好"入口"在每一个场景的正确位置，并且让它在打开之前是透明的。

"入口"在每一个场景的位置坐标。

8 为"入口"编写一个接收"开始"消息的脚本。它会在玩家收集到金币后不再是虚像，并在碰到玛丽后，触发场景的变化。

当收集到一定数量金币后变成可以看到。

在收集到一定数量的金币后"入口"的颜色会一直变化。

把"场景结束"设定为 1 会触发场景的变化。

图 8-16 编写场景切换的脚本（续）

8.14 玛丽喜欢的金币登场

游戏的趣味性就在于玩家面临各种挑战，下面给游戏增加一些金币，让玩家收集完所有金币后，才能进入下一个场景，如图 8-17 所示。

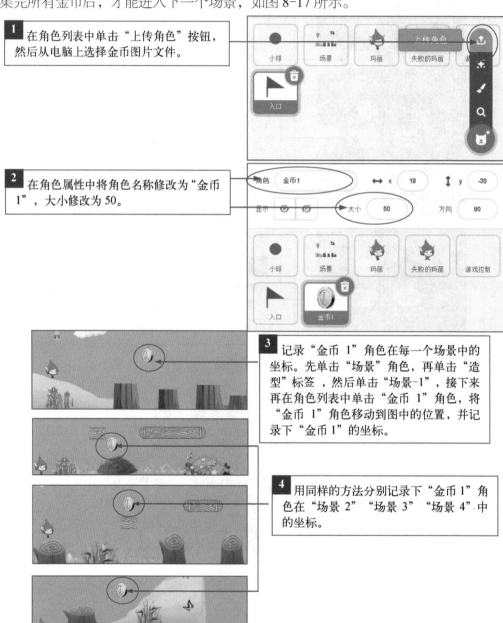

1 在角色列表中单击"上传角色"按钮，然后从电脑上选择金币图片文件。

2 在角色属性中将角色名称修改为"金币1"，大小修改为 50。

3 记录"金币 1"角色在每一个场景中的坐标。先单击"场景"角色，再单击"造型"标签，然后单击"场景-1"，接下来再在角色列表中单击"金币 1"角色，将"金币 1"角色移动到图中的位置，并记录下"金币 1"的坐标。

4 用同样的方法分别记录下"金币 1"角色在"场景 2""场景 3""场景 4"中的坐标。

图 8-17　编写金币脚本

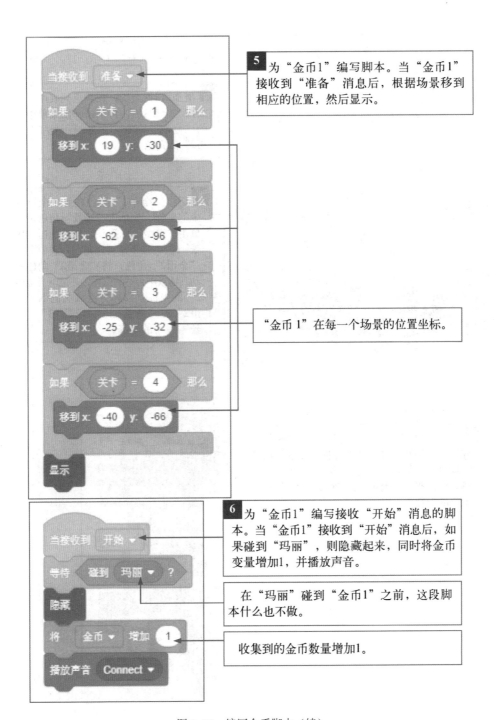

5 为"金币1"编写脚本。当"金币1"接收到"准备"消息后，根据场景移到相应的位置，然后显示。

"金币 1"在每一个场景的位置坐标。

6 为"金币1"编写接收"开始"消息的脚本。当"金币1"接收到"开始"消息后，如果碰到"玛丽"，则隐藏起来，同时将金币变量增加1，并播放声音。

在"玛丽"碰到"金币1"之前，这段脚本什么也不做。

收集到的金币数量增加1。

图 8-17 编写金币脚本（续）

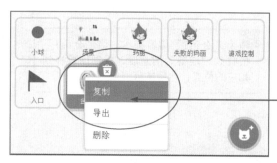

7 增加第2枚金币，在角色列表中，右击"金币1"，再单击弹出菜单中的"复制"命令，会复制一个"金币2"的角色。

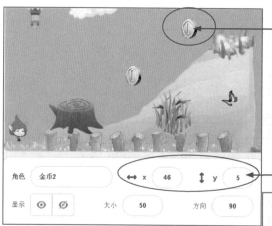

8 记录"金币2"角色在每一个场景中的坐标。先单击"场景"角色，再单击"造型"标签 ，然后单击"场景-1"。接下来再在角色列表中单击"金币2"角色，将"金币2"角色移动到场景中合适的位置，并记下"金币2"的坐标。同样方法依次记下"金币2"在"场景-2""场景-3""场景-4"中的坐标。

9 单击"金币2"角色，再单击"代码"标签，在脚本区修改"当接收到准备"积木块开头的脚本。根据"金币2"在各个场景中的坐标，修改4个"移到x:y:"积木块的参数。

图 8-17　编写金币脚本（续）

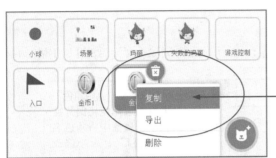

10 增加第3枚金币，在角色列表中，右击"金币2"，再单击弹出菜单中的"复制"命令，会复制一个"金币3"的角色。

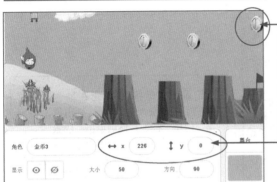

11 记录"金币3"角色在每一个场景中的坐标。先单击"场景"角色，再单击"造型"标签，然后单击"场景-1"。接下来再在角色列表中单击"金币3"角色，将"金币3"角色移动到场景中合适的位置，并记录下"金币3"的坐标。同样方法依次记录下"金币3"在"场景-2""场景-3""场景-4"中的坐标。

12 单击"金币3"角色，然后单击"代码"标签，在脚本区修改"当接收到准备"积木块开头的脚本。根据"金币3"在各个场景中的坐标，修改4个"移到x:y:"积木块的参数。

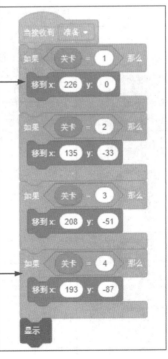

13 运行程序测试脚本。"玛丽"跳起来收集金币，金币消失，当收集完3个金币之后，小旗开始闪烁。游戏运行正常。

图 8-17 编写金币脚本（续）

8.15 狡猾的怪兽

为游戏增加点难度，增加一些怪兽等，让游戏变得更难一点，如图 8-18 所示。

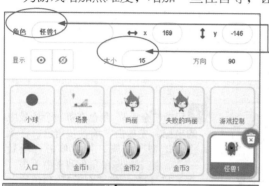

1 在角色列表中单击"上传角色"按钮，从电脑上选择怪兽图片文件，然后在角色属性中将角色名称修改为"怪兽1"，大小修改为15。

2 记录下"怪兽1"角色在每一个场景中的坐标。先单击"场景"角色，再单击"造型"标签，然后单击"场景-1"，接下来再在角色列表中单击"怪兽1"角色，将"怪兽1"角色移动到适当的位置，并记录下"怪兽1"的坐标。

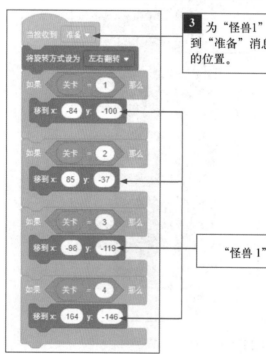

3 为"怪兽1"编写脚本。当怪兽1接收到"准备"消息后，根据场景移到相应的位置。

"怪兽 1"在每一个场景的位置坐标。

图 8-18　编写怪兽脚本

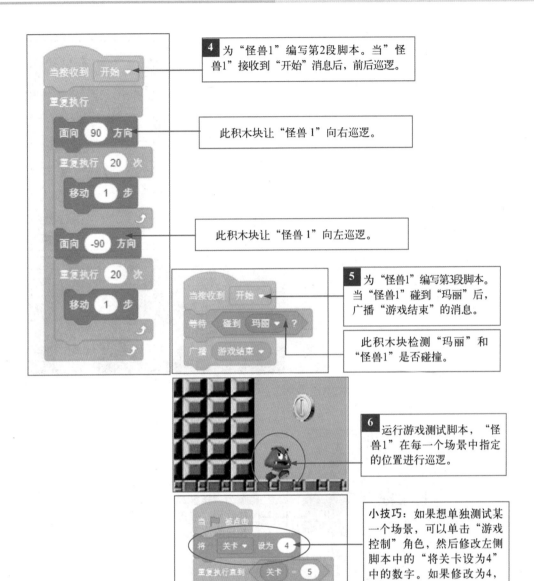

图 8-18 编写怪兽脚本（续）

4 为“怪兽1”编写第2段脚本。当”怪兽1”接收到“开始”消息后，前后巡逻。

此积木块让“怪兽 1”向右巡逻。

此积木块让“怪兽 1”向左巡逻。

5 为“怪兽1”编写第3段脚本。当“怪兽1”碰到“玛丽”后，广播“游戏结束”的消息。

此积木块检测“玛丽”和“怪兽1”是否碰撞。

6 运行游戏测试脚本，“怪兽1”在每一个场景中指定的位置进行巡逻。

小技巧：如果想单独测试某一个场景，可以单击“游戏控制”角色，然后修改左侧脚本中的“将关卡设为4”中的数字。如果修改为4，则游戏开始时，直接从第4个场景开始。这样可以节省测试时间。注意，测试完成后，必须修改为1。

图 8-18　编写怪兽脚本（续）

7 继续添加第2个怪兽。在角色列表中单击"上传角色"按钮，然后从电脑上选择第2个怪兽图片文件。然后在角色属性中将角色名称修改为"怪兽2"，大小修改为10。

8 记录下"怪兽2"角色在每一个场景中的坐标。先单击"场景"角色，再单击"造型"标签，然后单击"场景-1"。接下来再在角色列表中单击"怪兽2"角色，将"怪兽2"角色移动到适当的位置，并记录下"怪兽2"的坐标。

9 为"怪兽2"编写脚本。当"怪兽2"接收到"准备"消息后，根据场景移到相应的位置。

图 8-18　编写怪兽脚本（续）

10 为"怪兽2"编写第2段脚本。当"怪兽2"碰到"玛丽"后,广播"游戏结束"的消息

11 测试游戏,让玛丽尽量绕过怪兽,以获得金币。

图 8-18 编写怪兽脚本(续)

8.16 为游戏添加音乐效果和提示

接下来为游戏增加音乐,还有游戏提示,使游戏更加有意思,如图 8-19 所示。

1 在角色列表中单击"绘制"按钮,然后绘制一个新角色。

2 在角色属性中将角色名称修改为"提示和音乐"。

3 在"造型"下的画板中单击"文本"工具,然后在画板上输入"恭喜你!晋级了!",并用"选择"工具调整文字的大小。

恭喜你! 晋级了!

图 8-19 为游戏添加音效和提示

4 单击"代码"标签，在脚本区为"提示和音乐"角色编写第1段脚本，即单击绿旗后，隐藏提示，因为这个提示是胜利后的提示。

5 编写第2段脚本。当接收到"胜利"消息时，移到最前面显示，并结束游戏。

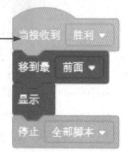

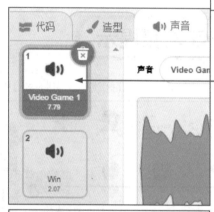

6 单击"声音"标签，然后单击"选择一个声音"按钮添加两个声音"Video Game 1"和"Win"。

7 单击"代码"标签，在脚本区编写第3段脚本。当单击绿旗时，播放声音"Video Game 1"。

8 编写第4段脚本。当接收到"胜利"消息时，停止所有声音，然后播放声音"Win"。

图 8-19　为游戏添加音效和提示（续）

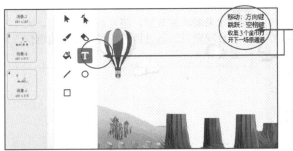

9 编写玩家提示。在角色列表中单击"场景"角色，然后单击"造型"标签，再单击"场景-1"造型。接着单击"文本"工具，在图中的位置输入"移动：方向键""跳跃：空格键""收集3个金币打开下一场景通道"，并调整好文本大小。

10 运行游戏。检查玩家提示、胜利提示及各种声音。

图 8-19　为游戏添加音效和提示（续）

8.17　游戏调试技巧

在编写游戏的过程中，需要不断地进行测试，然后优化调整。下面介绍一些测试调整的技巧，如图 8-20 所示。

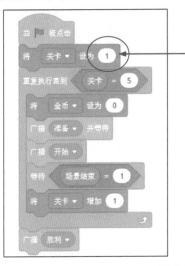

1 将"游戏控制"角色脚本中关卡设定的值修改成要修改的那一关，游戏就会从这一关开始。比如，修改为2，那么单击绿旗后，游戏会直接进入第2个场景中。这样更方便调试游戏。

图 8-20　游戏调试技巧

2 如果测试游戏时，游戏运行有问题，大多数问题可以通过调整场景大小、角色位置来解决。

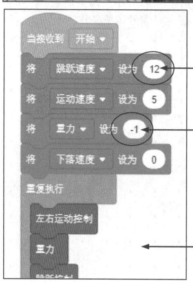

3 调整"小球"角色脚本中的"跳跃速度"的值，可以调整"小球"跳跃的高度。值越大，跳得越高。

4 调整"小球"角色脚本中的"重力"的值，可以调整"小球"跳跃的漂浮感。值越小，漂浮感越少。

5 如果对游戏脚本进行大的修改，那么在修改之前最好将游戏保存为另一个名字。这样可以对游戏进行备份。如果调整脚本时发生错误，还可以回到原来的版本继续修改。

图 8-20　游戏调试技巧（续）

8.18　课后任务

▪▪ 本节任务

制作自己的《超级玛丽游戏》，在制作过程中，可以改变游戏的主角，游戏的场景，设置不同的关卡。

▪▪ 拓展任务

尝试为玛丽设置生命值，比如，玛丽碰到怪兽 3 次后游戏才会结束。

愤怒的小鸟游戏

课程内容

在这节课中我们将制作一款愤怒的小鸟游戏。在游戏中，小鸟被弹弓弹出，然后去碰撞小猪，并得分。当小猪被全部撞下后，游戏胜利。

知识点

（1）抛物运动

（2）重力

（3）方向键控制

（4）开始按钮设定

（5）克隆

用到的基本指令

（1）当绿旗被点击

（2）当接收到消息 1

（3）广播消息 1

（4）如果…那么

（5）克隆自己

（6）等待 1 秒

（7）右转 15 度

（8）左转 15 度

（9）将我的变量设为 0

（10）将我的变量增加 1

（11）显示

（12）隐藏

（13）等待…

（14）换成造型

（15）面向 90 方向

（16）播放声音

（17）=50

（18）或

（19）碰到鼠标指针？

（20）重复执行 10 次

（21）重复执行

（22）重复执行直到

（23）移到 x:y:

（24）在 1 秒内滑行到 x:y:

（25）停止全部脚本

（26）在 1 和 10 之间取随机数

9.1 游戏制作分析

扫码观看视频

1．故事与玩法要求

愤怒的小鸟是一款休闲益智类的游戏。在游戏中，玩家通过调整小鸟的角度和速度弹出去碰撞小猪。当小猪被撞到后，会滚落到架子下面并消失，同时会得到 5000分。如果小鸟撞到架子上，架子可能会被撞到，同时架子上的小猪也会滚落到地上消失。将所有的小猪都撞下后，获得胜利，如图 9-1 所示。

用左右方向键控制左转和右转，调整发射角度；空格键发射；小猪被撞到后滚落地面消失，同时得5000分；小猪全部被撞下，游戏获胜。

图 9-1　玩法要求

2．程序演示

程序演示如图 9-2 所示（扫描二维码观看演示）。

图 9-2　程序演示

3．背景、角色分析

在正式制作程序前，请先分析一下程序中需要几个背景、总共有几个角色、几个造型，如图9-3所示。

程序中有3个小鸟，4个小猪，5个砖块，1个弹弓，还有文字提示及游戏控制等共有16个角色。另外有一个游戏的背景。

图9-3　程序背景和角色分析

4．行为、规则分析

所有角色行为、规则分析如图9-4所示。

1 单击绿旗，游戏开始准备。单击"开始"按钮开始游戏。

2 游戏开始时出现游戏提示，当按空格键后，提示消失。

3 按向左方向键，小鸟左转1°；按向右方向键，小鸟右转1°；按上下方向键，小鸟发射速度增加或减少0.1。

4 每消灭一头猪，分数增加5000分。

5 当小猪被小鸟撞到，会滚到地上并消失，同时得到5000分。

6 当弹弓上的小鸟被弹出后，下面的小鸟会自动移到弹弓上。

图9-4　行为和规则分析

9.2 难点解析之抛物运动

抛物运动是指值具有一定初速度且仅在重力作用下的运动，抛物运动包括平抛和斜抛。其中，斜抛是指物体以一定的初速度斜向射出去。

如果没有重力，我们斜抛一个物体，物体将会以直线运动。但在重力的作用下物体在运动的过程中，总会有一个力向下拉它（由于重力是垂直向下的），这样它运动的轨迹就会像图9-5所示的图形。

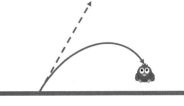

图9-5　抛物运动

9.3 弹射小鸟

这个游戏中，玩家需要将小鸟弹射出去。开始设计时先忽略重力，稍后再把它加进去。这样小鸟就可以像现实生活中抛物运动一样飞行了，如图9-6所示。

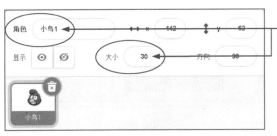

1 首先在角色列表中删除小猫角色，然后单击"上传角色"按钮，接着在打开的对话框中，从电脑中选择小鸟文件。之后在角色属性中，将角色名称修改为"小鸟1"，大小修改为30。

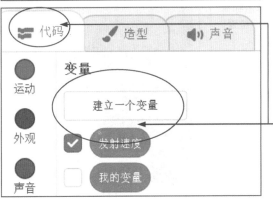

2 先为所有角色新建一个变量。单击"变量"按钮，然后单击"建立一个变量"按钮，在打开的对话框中，输入变量的名称"发射速度"，然后单击"确定"按钮。

图9-6　弹射小鸟

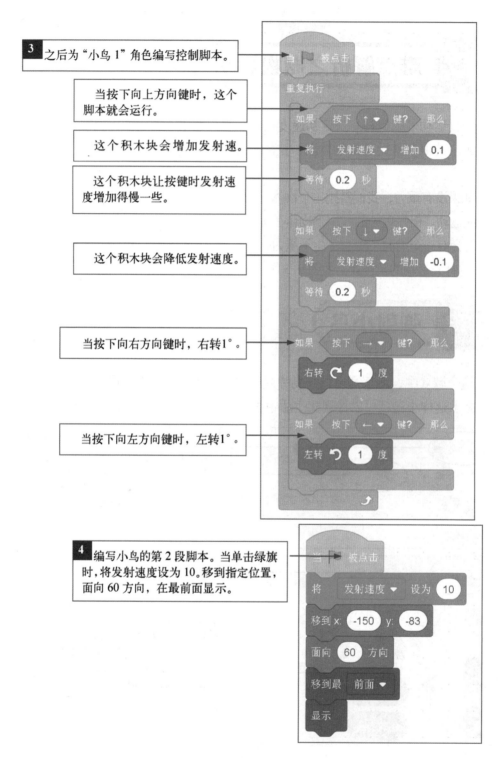

3 之后为"小鸟1"角色编写控制脚本。

当按下向上方向键时，这个脚本就会运行。

这个积木块会增加发射速。

这个积木块让按键时发射速度增加得慢一些。

这个积木块会降低发射速度。

当按下向右方向键时，右转1°。

当按下向左方向键时，左转1°。

4 编写小鸟的第2段脚本。当单击绿旗时，将发射速度设为10。移到指定位置，面向60方向，在最前面显示。

图9-6　弹射小鸟（续）

5　编写小鸟的第3段脚本。当按下空格键时，发射小鸟。

这个积木块会重复让小鸟一直运动，直到条件成立（即碰到舞台边缘）。

这个积木块让小鸟运动。

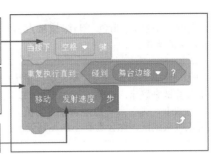

6　试着用方向键调整发射器的角度和速度。然后按下空格键发射小鸟。小鸟会沿着直线飞行，直到碰到舞台的边缘。但真实的世界中情况不是这样的。当猴子向前运动的时候，最终它会落到地面上。

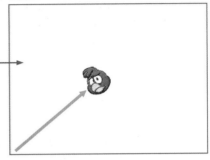

图9-6　弹射小鸟（续）

9.4　增加重力后的飞行

扫码观看视频

在生活中，当斜抛一个物体后，物体会先向斜上方运动，最终落回地面上。这是由于物体在飞行的过程中，一直受到一个垂直向下的重力向下拉它。上一节给小鸟编写的代码是没有加入重力的，所以小鸟一直以直线飞行。接下来将加入重力，让小鸟的飞行更接近真实，如图9-7所示。

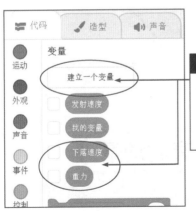

1　单击"变量"按钮下面的"建立一个变量"按钮，为所有角色新建两个变量，将其命名为"下落速度"和"重力"，并去掉变量前面的对勾，这样变量就不会在舞台上显示了。

图9-7　增加重力后的飞行

2 修改"小鸟1"角色"当绿旗被点击"积木块开头的脚本。

增加"将重力设为-0.2"积木块。重力的值可以根据测试来确定一个值，比如先用-1，然后看看飞行效果，再一点一点地调整重力值。你也可以用正数来试试，你会看到小鸟飞到天上去了！

再增加"将下落速度设为0"积木块。这个积木块表示发射的时候，小鸟还没有开始下落。

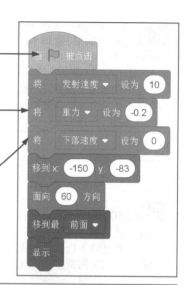

3 修改"小鸟1"角色"当按下空格键"积木块开头的脚本。

增加的这个积木块实现小鸟边飞行边下落。

这个积木块让小鸟在每次循环之后加快下落速度。这样可以使小鸟下落速度越来越快，更加接近真实效果。

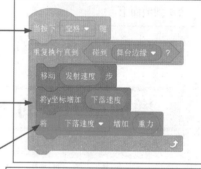

4 测试小鸟的脚本。可以看到小鸟飞出一个漂亮的抛物线。

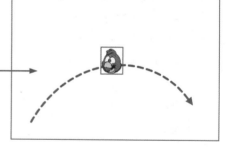

图9-7 增加重力后的飞行（续）

9.5 给游戏设置一个漂亮的场景

前面实现了小鸟的抛物飞行，接下来开始设置游戏的场景，如图9-8所示。

1 在舞台列表中，单击"上传背景"按钮，从电脑上选择一个背景。接着单击"背景"标签，再单击画板下方的"转换为矢量图"按钮。

2 然后单击"选择"工具，再单击画板中的图片，通过其周围的 8 个小圆点将其调整到整个画板。

3 在角色列表中，单击"上传角色"按钮。然后从电脑上选择"弹弓"的文件。在角色属性中，将角色名称修改为"弹弓"，大小修改为 40，并移动到舞台左下角位置。

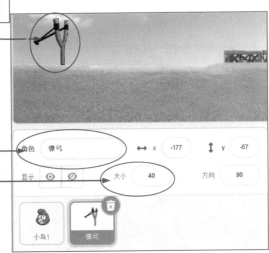

图 9-8　设置游戏场景

9.6 集合更多小鸟

游戏中只有一只小鸟不好玩，继续添加几只小鸟，如图9-9所示。

1 将"小鸟1"的大小修改为12，这样与弹弓的大小相匹配。

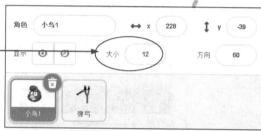

2 在角色列表中，单击"上传角色"按钮。然后从电脑上选择"小鸟2"的文件。在角色属性中，将角色名称修改为"小鸟2"，大小修改为50。

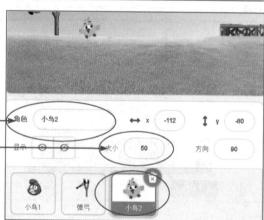

3 继续添加"小鸟3"角色，并在角色属性中，将角色名称修改为"小鸟3"，大小修改为15（根据小鸟在舞台上的大小来调整大小）。

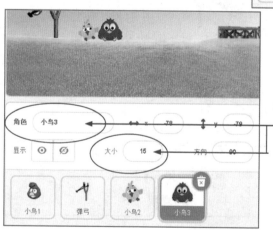

图9-9 小鸟登场

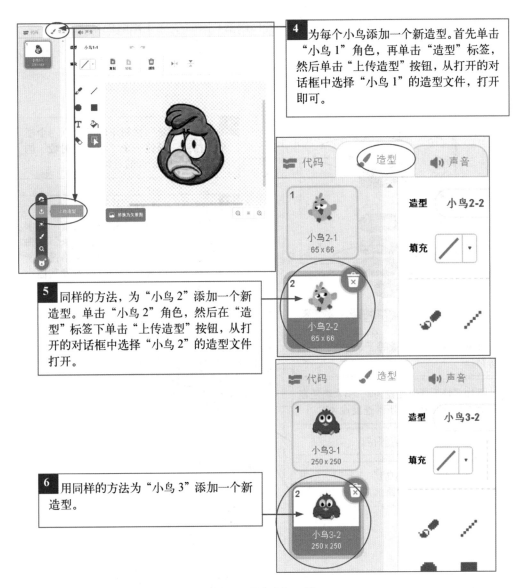

4 为每个小鸟添加一个新造型。首先单击"小鸟1"角色，再单击"造型"标签，然后单击"上传造型"按钮，从打开的对话框中选择"小鸟1"的造型文件，打开即可。

5 同样的方法，为"小鸟2"添加一个新造型。单击"小鸟2"角色，然后在"造型"标签下单击"上传造型"按钮，从打开的对话框中选择"小鸟2"的造型文件打开。

6 用同样的方法为"小鸟3"添加一个新造型。

图9-9 小鸟登场（续）

扫码观看视频

9.7 实现弹弓依次弹射每个小鸟

游戏中，当小鸟1在弹弓上等待弹射时，小鸟2和小鸟3在草地上等待；当小鸟1被弹射出去后，小鸟2会自动移到弹弓上等待弹射；同时小鸟3依旧在草地上等待。并且调整其中一只小鸟的发射速度和方向时，其他小鸟不受影响。要实现小鸟排队依次弹射，就需要先为所有角色新建一个变量，名字为"小鸟发射数"，如图9-10所示。

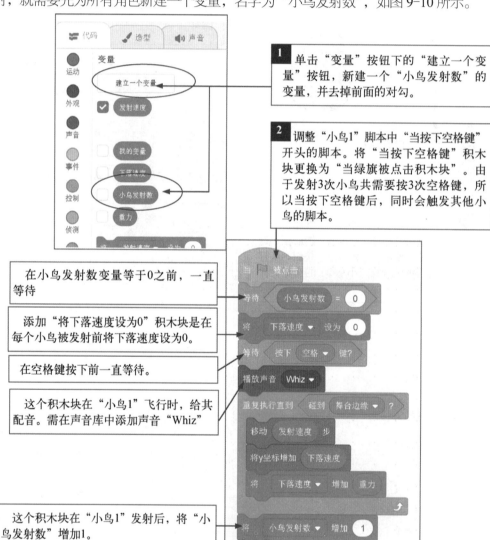

图9-10 为3只小鸟编程

190

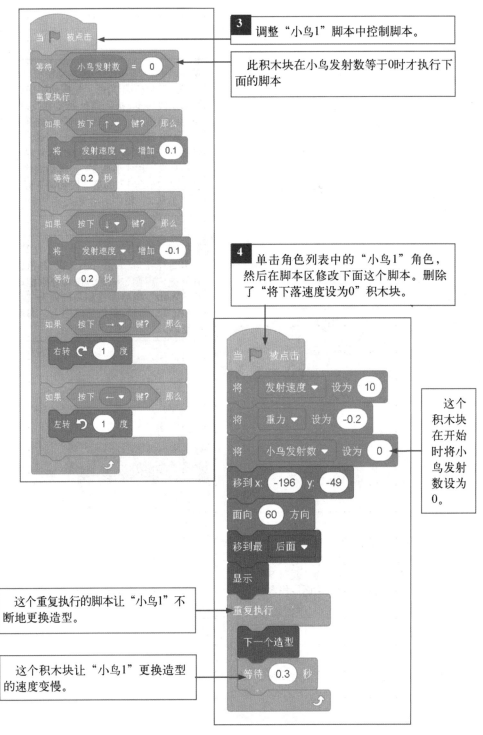

3 调整"小鸟1"脚本中控制脚本。

此积木块在小鸟发射数等于0时才执行下面的脚本

4 单击角色列表中的"小鸟1"角色，然后在脚本区修改下面这个脚本。删除了"将下落速度设为0"积木块。

这个积木块在开始时将小鸟发射数设为0。

这个重复执行的脚本让"小鸟1"不断地更换造型。

这个积木块让"小鸟1"更换造型的速度变慢。

图9-10 为3只小鸟编程（续）

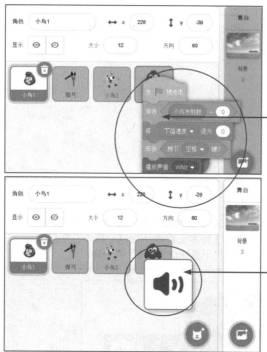

5 将"小鸟 1"角色的脚本复制给"小鸟2"和"小鸟 3"角色。先拖动"小鸟 1"的第 1 段脚本，拖到角色列表中"小鸟 2"角色缩略图上，当"小鸟 2"缩略图摇晃时，松开鼠标。同样再拖到"小鸟 3"缩略图上，这样就将第一段脚本复制给了"小鸟 2"和"小鸟 3"。再用同样的方法复制"小鸟 1"的第 2 段和第 3 段脚本给"小鸟 2"和"小鸟 3"。

6 复制"小鸟1"的声音给"小鸟2"和"小鸟3"。先单击"小鸟1"角色，然后单击"声音"标签，接着分别拖动声音"Whiz"缩略图拖到角色列表"小鸟 2"和"小鸟 3"角色缩略图上，即可完成复制。

7 单击"小鸟 2"角色，在脚本区按照右侧图，修改其脚本。将"移到 x:y:"积木块的参数修改为"小鸟 2"在草地上的坐标，将方向修改为"面向 90 方向"，并删除"移到最后面"积木块。

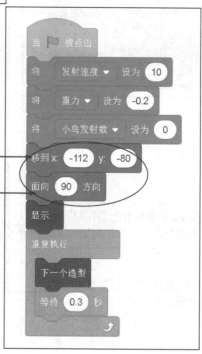

图 9-10 为 3 只小鸟编程（续）

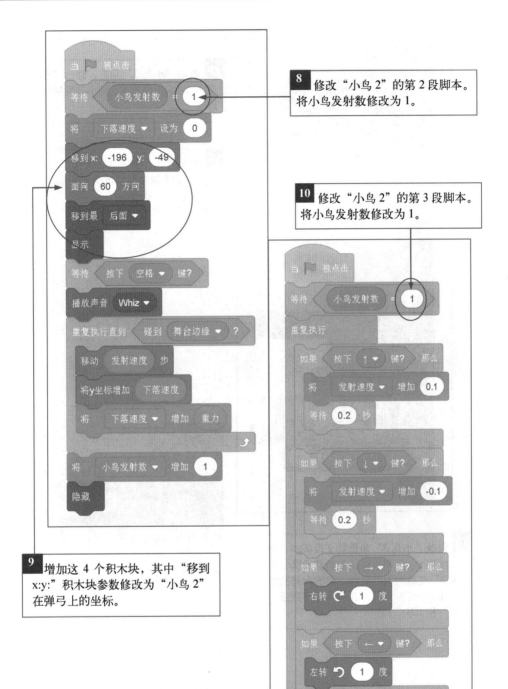

图 9-10 为 3 只小鸟编程（续）

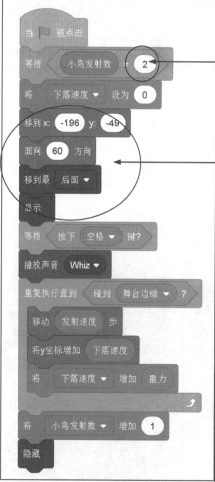

11 单击"小鸟3"角色，修改"小鸟3"的第1段脚本。将小鸟发射数修改为2。

12 增加这4个积木块，其中"移到x:y:"积木块参数修改为"小鸟3"在弹弓上的坐标。

13 修改"小鸟3"角色第2段脚本。将"移到x:y:"积木块的参数修改为"小鸟3"在草地上的坐标，将方向修改为"面向90方向"，并删除"移到最后面"积木块。

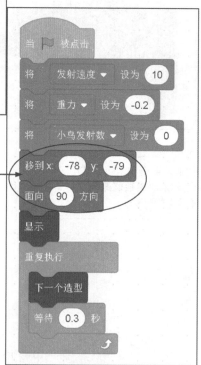

图9-10 为3只小鸟编程（续）

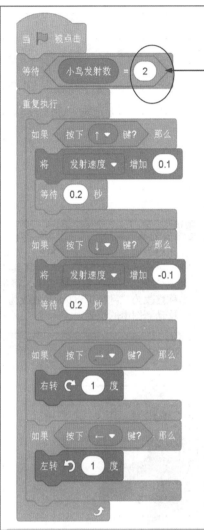

14 修改"小鸟 3"的第 3 段脚本。
将小鸟发射数修改为 2。

15 运行程序。可以很自如地分别控制和发射 3 只小鸟了。控制并发射其中一只小鸟,其他小鸟不受影响。

图 9-10 为 3 只小鸟编程(续)

9.8 搭建小猪躲避屏障

游戏中，小猪偷了小鸟的蛋，非常害怕，因此都躲在了屏障后。当小鸟射向屏障的时候，如果屏障材料搭建得不牢固，会倒下来。下面先为小猪搭建屏障，如图 9-11 所示。

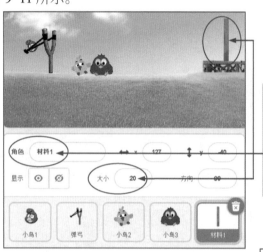

1 首先从电脑中上传一个屏障的材料。在角色列表中单击"上传角色"按钮，从电脑中选择屏障材料文件，将其添加到角色中。然后在角色属性中，将角色名称修改为"材料 1"，大小修改为 20，并移动到图中的位置。

2 在脚本区，为"材料 1"角色编写脚本。

"移到 x：127 y：-40"积木块参数为图中位置的坐标。

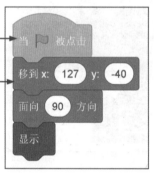

3 将"材料 1"角色面向 180 方向移动到图中的位置，并记录下坐标（材料倒下后的位置）。

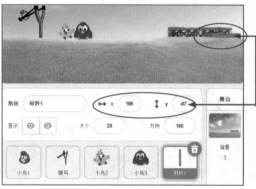

图 9-11　搭建躲避屏障

4 为"材料 1"角色编写倒下的脚本。拖动"当接收到新消息"积木块到脚本区，并先新建一个消息，命名为"游戏结束"。

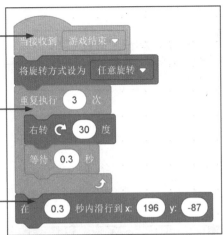

此重复执行脚本，实现材料从面相 90 方向旋转为 180 方向，分 3 次慢慢旋转。

此积木块参数为"材料 1"倒在草地位置的坐标。

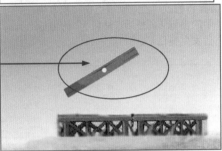

5 测试这一段旋转的脚本。运行脚本后，发现"材料 1"旋转时，以图中黄色圆点为中心旋转，和真实的倒塌不一样。

6 下面通过调整中心点来使"材料 1"旋转更加真实。单击"造型"标签，然后单击"转换为矢量图"按钮。

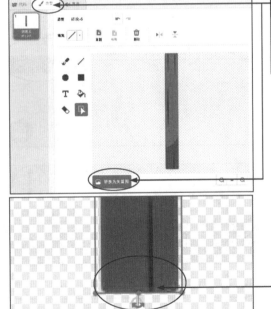

7 单击"选择"工具，将画板中的"材料 1"图片向上移动，将最下面一边和中心点对齐。

图 9-11 搭建躲避屏障（续）

8 调整之后，舞台上"材料 1"的位置会发生变化，需要重新将其移动到背景中的木平台上方。

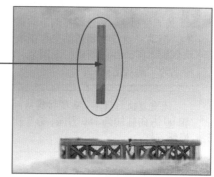

9 再修改"当绿旗被点击"积木块中的坐标（调整后"材料 1"的坐标会发生变化）。

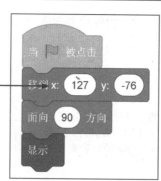

10 复制"材料 1"角色。在角色列表中，右击"材料 1"缩略图，然后单击弹出菜单中的"复制"命令，即可复制一个新角色。

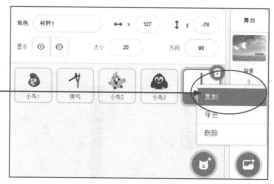

11 新复制的角色名字会自动变为"材料 2"，然后在舞台上，将"材料 2"角色移动到图中的位置。

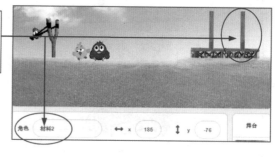

图 9-11　搭建躲避屏障（续）

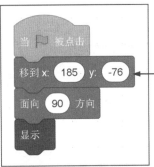

12 单击"代码"标签，在脚本区修改"材料2"角色的脚本。将此积木块参数修改为"材料2"移动后的坐标。

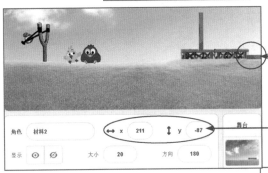

13 将"材料2"角色面向180方向移动到图中的位置，并记录下坐标（"材料2"倒下后的位置）。

14 再修改"当接收到游戏结束"积木块开头的脚本。将此积木块参数修改为"材料2"倒在草地位置的坐标。

15 单击"当接收到游戏结束"积木块开头的脚本，可以看到"材料2"慢慢旋转倒地。

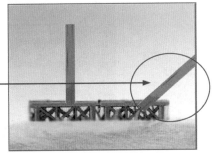

图9-11 搭建躲避屏障（续）

16 继续添加角色。单击"上传角色"
按钮，然后从电脑中上传一个材料
角色。接着将角色名称修改为"材
料3"，大小修改为25。

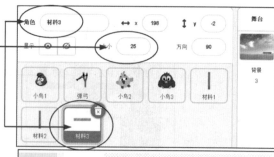

17 调整"材料3"的中心点。单击
"造型"标签，然后单击"转换为
矢量图"按钮。

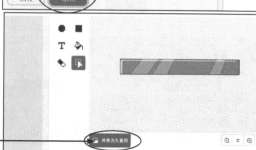

18 单击"选择"工具，将画板中的
"材料3"向左移动，将最右侧一边
和中心点对齐。

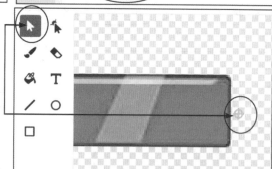

19 在舞台上将"材料3"移动到图
中的位置。

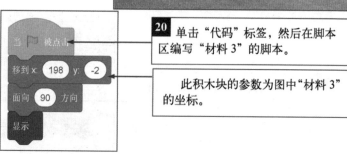

20 单击"代码"标签，然后在脚本
区编写"材料3"的脚本。

此积木块的参数为图中"材料3"
的坐标。

图 9-11 搭建躲避屏障（续）

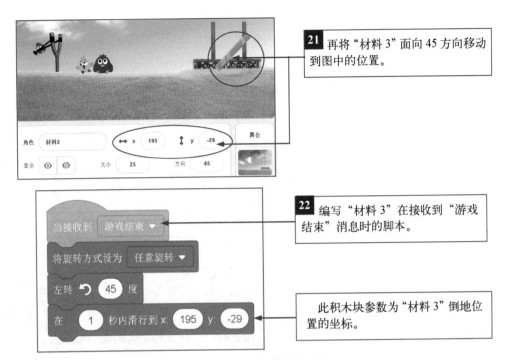

21 再将"材料3"面向45方向移动到图中的位置。

角色 材料3　　↔ x 195　　↕ y -29　　舞台

显示 ◉ ⊘　　大小 25　　方向 45

22 编写"材料3"在接收到"游戏结束"消息时的脚本。

此积木块参数为"材料3"倒地位置的坐标。

图9-11　搭建躲避屏障（续）

9.9 让屏障也可以被撞倒

之前搭建的3个屏障，小鸟撞到上面，屏障是不会倒的，只有游戏结束时，才会倒地。接下来在高处继续搭建几个可以撞倒的屏障，如图9-12所示。

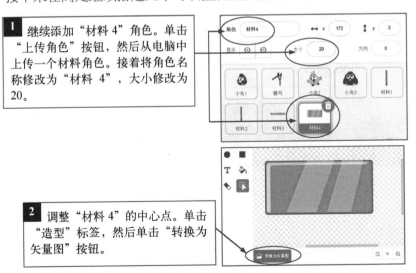

1 继续添加"材料4"角色。单击"上传角色"按钮，然后从电脑中上传一个材料角色。接着将角色名称修改为"材料4"，大小修改为20。

2 调整"材料4"的中心点。单击"造型"标签，然后单击"转换为矢量图"按钮。

图9-12　给屏障编程

3 单击"选择"工具，将画板中的
"材料4"向右上角移动，将左下角
和中心点对齐。

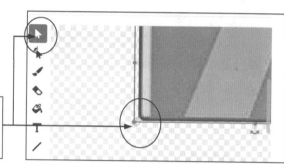

4 在舞台上将"材料4"移动到图
中的位置，并记录下其坐标。

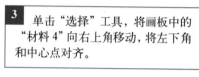

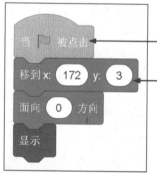

5 单击"代码"标签，然后在脚本
区编写"材料4"的脚本。

此积木块的参数为图中"材料4"
的坐标。

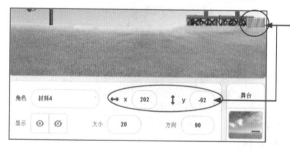

6 将"材料4"面向90方向移动到
图中的位置，记录下坐标。

图9-12 给屏障编程（续）

7 编写"材料 4"被碰撞的脚本。

在被"小鸟1""小鸟2""小鸟3"碰撞之前一直等待。

在"材料 4"被撞后，发出广播消息。在其它角色接收到消息后，可以被触发。

被撞后播放声音"Glass Breaking"

此重复执行脚本实现"材料4"从面相0方向旋转105°，分3次慢慢旋转。

"材料 4"落地后，面向 90 方向

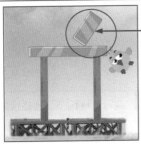

8 运行程序，调整小鸟发射角度，当"材料 4"被撞后，先旋转了 105°，然后面向 90 方向着地，落地很完美。

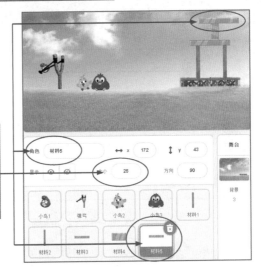

9 添加"材料 5"角色。单击"上传角色"按钮，然后从电脑中上传一个材料角色。接着将角色名称修改为"材料 5"，大小修改为 25，并移动到图中的位置。

图 9-12　给屏障编程（续）

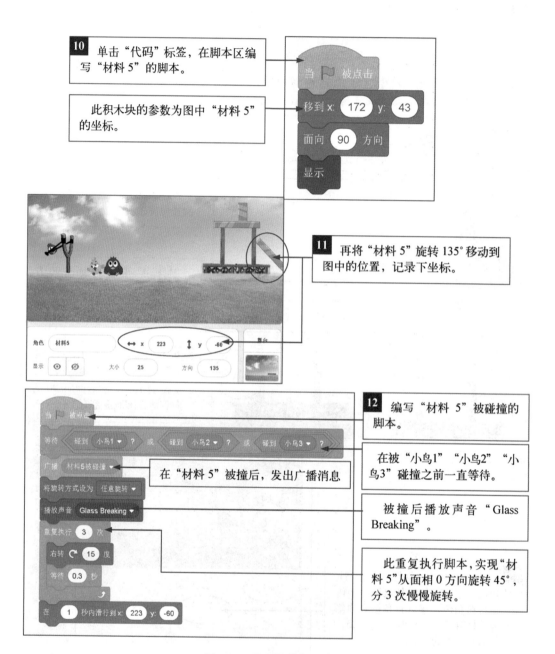

图 9-12 给屏障编程（续）

13 编写接收到"材料 4 被碰撞"的脚本。由于"材料 4"支撑"材料 5"，所以，如果"材料 4"掉落地上，"材料 5"肯定也会掉落下来。

"材料 5"掉落时发出广播消息，可以通知与其临近的其他角色。

14 运行程序，当小鸟撞倒"材料 4"后，"材料 4"和"材料 5"都翻滚着掉落到地上。

图 9-12　给屏障编程（续）

9.10　第一头小猪登场

主角小猪马上登场了，它偷了小鸟的蛋，被小鸟追杀，躲藏到屏障里。不过小鸟还是能找到它，并通过碰撞来报仇。小猪在被小鸟撞倒后，会滚落到地上，然后消失。即便没有被小鸟撞到，如果屏障被撞塌了，小猪也可能滚落到地上消失，如图 9-13 所示。

1 单击"变量"按钮下面的"建立一个变量"按钮，为所有角色新建两个变量，将其命名为"得分"和"小猪数"，并去掉"小猪数"变量前面的对勾，让"得分"变量在舞台上显示。

图 9-13　编写第一头小猪的脚本

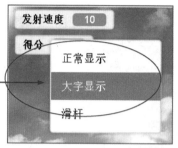

2 调整变量的显示方式。在舞台上右键单击"得分"变量，再单击弹出菜单中的"大字显示"命令。

3 添加小猪角色。在角色列表中单击"上传角色"按钮，然后从电脑中选择小猪图片文件，将其添加到角色中。

4 调整好后的效果，接着将其移动到舞台的左上角。

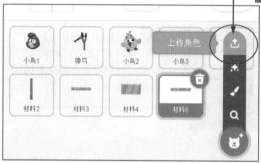

5 将角色名称修改为"小猪1"，大小修改为20，并移动到图中的位置。

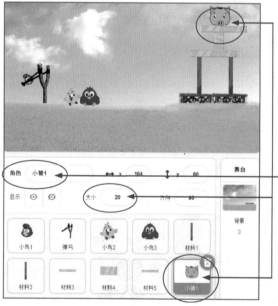

图 9-13　编写第一头小猪的脚本（续）

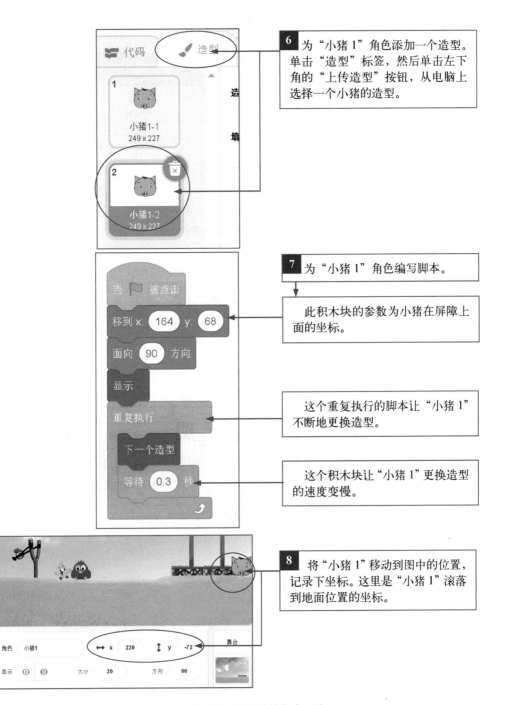

图 9-13 编写第一头小猪的脚本（续）

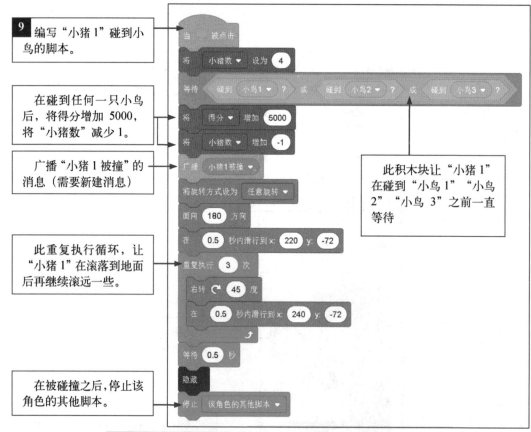

9 编写"小猪 1"碰到小鸟的脚本。

在碰到任何一只小鸟后，将得分增加 5000，将"小猪数"减少 1。

广播"小猪 1 被撞"的消息（需要新建消息）

此重复执行循环，让"小猪 1"在滚落到地面后再继续滚远一些。

在被碰撞之后，停止该角色的其他脚本。

此积木块让"小猪 1"在碰到"小鸟 1""小鸟 2""小鸟 3"之前一直等待

10 编写接收到"材料 4"被碰撞的脚本。由于"材料 4"支撑"材料 5"和"小猪 1"，所以，如果"材料 4"掉落地上，"小猪 1"肯定也会掉落下来。

图 9-13　编写第一头小猪的脚本（续）

208

11 运行程序，用小鸟碰撞"小猪1""小猪1"滚落到地上并消失；再用小鸟碰撞"材料4""材料4""材料5"和"小猪1"都同时掉落地上。达到碰撞的效果。

图9-13　编写第一头小猪的脚本（续）

9.11　三头小猪来了

第一头小猪脚本编写好之后，后面几头小猪的脚本编写就容易多了，因为每头猪的动作都类似，脚本也类似。下面开始为其他小猪编写脚本，如图9-14所示。

1 添加"小猪2"角色。在角色列表中单击"上传角色"按钮，然后从电脑中选择小猪2的图片文件，将其添加到角色中。然后将角色名称修改为"小猪2"，大小修改为15，并移动到图中的位置。

2 为"小猪2"角色编写脚本。

图9-14　继续添加小猪角色

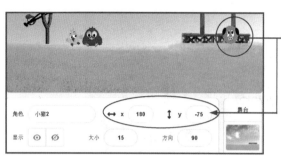

3 将"小猪2"移动到图中的位置，记录下坐标。这里是"小猪2"滚落到地面位置的坐标。

角色 小猪2　　↔ x 180　↕ y -75

显示 ⊙ ∅　大小 15　方向 90

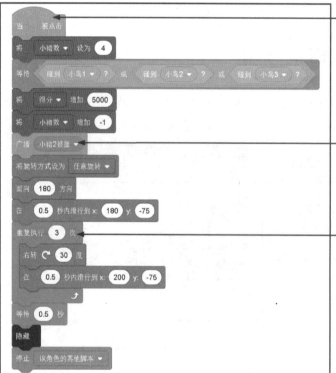

4 开始编写"小猪2"碰到小鸟的脚本。

广播"小猪2被撞"消息。

此重复执行循环，让"小猪2"在滚落到地面后再继续滚远一些。

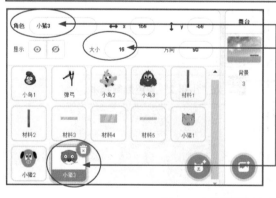

5 添加"小猪3"角色。在角色列表中单击"上传角色"按钮，然后从电脑中选择小猪3的图片文件，将其添加到角色中。然后将角色名称修改为"小猪3"，大小修改为15。

图9-14　继续添加小猪角色（续）

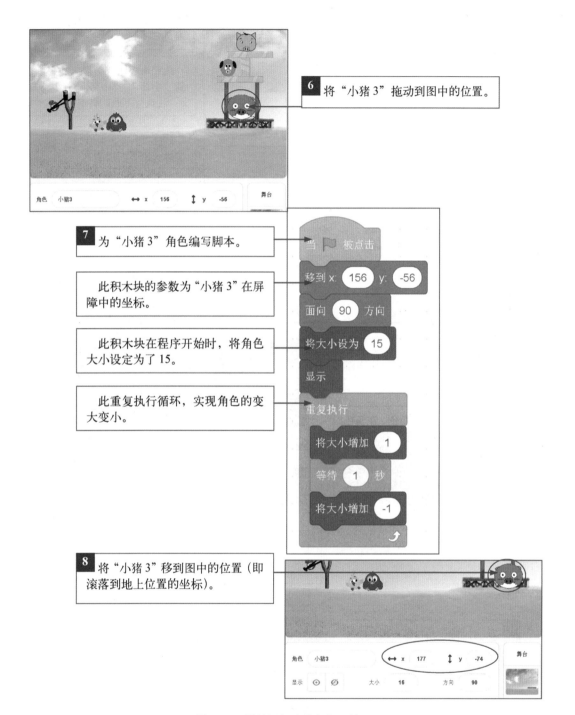

6 将"小猪3"拖动到图中的位置。

7 为"小猪3"角色编写脚本。

此积木块的参数为"小猪3"在屏障中的坐标。

此积木块在程序开始时,将角色大小设定为了15。

此重复执行循环,实现角色的变大变小。

8 将"小猪3"移到图中的位置(即滚落到地上位置的坐标)。

图 9-14 继续添加小猪角色(续)

211

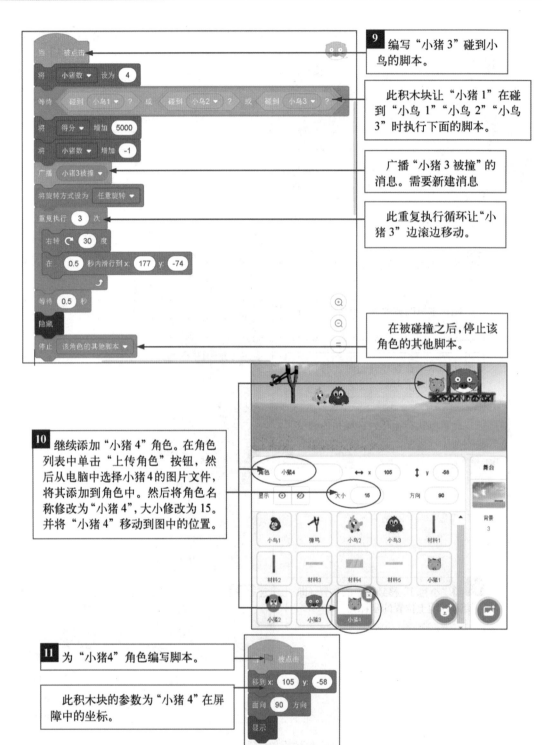

图 9-14　继续添加小猪角色（续）

12 将"小猪4"移到图中的位置（即滚落到地上位置的坐标）。

13 编写"小猪4"碰到小鸟的脚本。

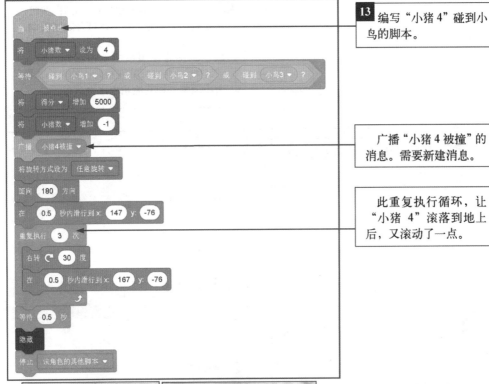

广播"小猪4被撞"的消息。需要新建消息。

此重复执行循环，让"小猪4"滚落到地上后，又滚动了一点。

14 运行游戏。小猪被小鸟碰撞后，各种方式滚落到地上，然后消失。

图9-14 继续添加小猪角色（续）

9.12 设计分数显示效果

当小猪被撞后，玩家会得到 5000 分。为了增加游戏观赏性，下面设计一个 5000 分的角色，在每次得分时，显示 5000 分值，如图 9-15 所示。

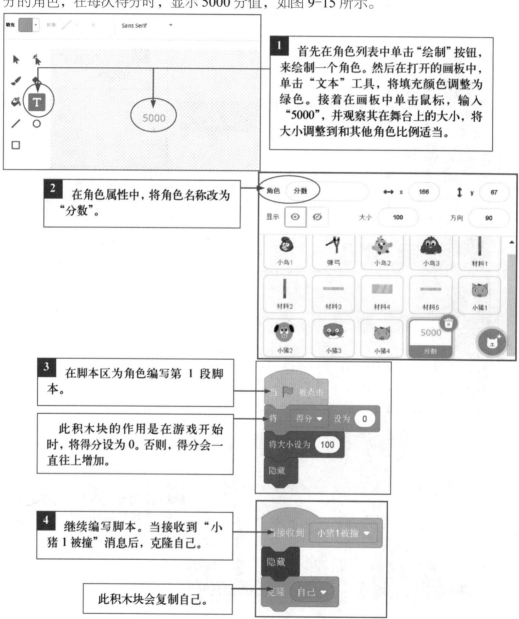

1 首先在角色列表中单击"绘制"按钮，来绘制一个角色。然后在打开的画板中，单击"文本"工具，将填充颜色调整为绿色。接着在画板中单击鼠标，输入"5000"，并观察其在舞台上的大小，将大小调整到和其他角色比例适当。

2 在角色属性中，将角色名称改为"分数"。

3 在脚本区为角色编写第 1 段脚本。

此积木块的作用是在游戏开始时，将得分设为 0。否则，得分会一直往上增加。

4 继续编写脚本。当接收到"小猪 1 被撞"消息后，克隆自己。

此积木块会复制自己。

图 9-15　设计分数显示效果

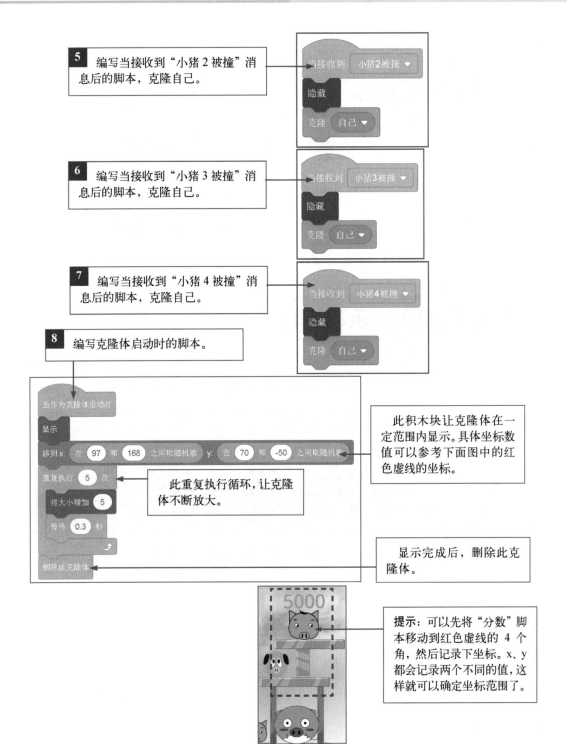

图 9-15 设计分数显示效果（续）

9 运行游戏。当小鸟碰撞到小猪时，会显示分值 5000。"5000" 会不断变大，最后消失。

图 9-15　设计分数显示效果（续）

9.13　加入提示和声音

为玩家提供游戏指南和其他一些提示信息，让游戏变得更完整。下面为游戏添加操作指南、游戏获胜提示及音乐，如图 9-16 所示。

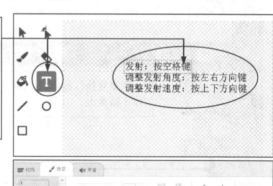

1 首先在角色列表中单击"绘制"按钮，来绘制一个角色，并将角色的名称修改为"提示和声音"。接着单击"文本"工具，并将填充色选择为蓝色，然后在画板中输入"发射：按空格键""调整发射角度：按左右方向键""调整发射速度：按上下方向键"，并调整字体大小。

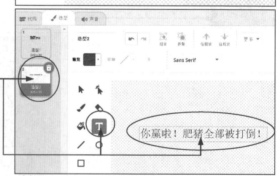

2 为角色绘制一个造型。在左下角单击"绘制"按钮，然后单击"文本"工具，将填充色设置为玫红色，并在画板中输入"你赢啦！小猪全部被打倒！"。

图 9-16　设计提示和声音

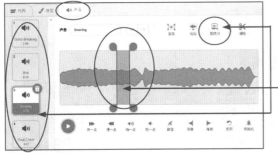

3 添加几个声音。单击"声音"标签，然后单击左下角的"选择一个声音"按钮。接下来依次添加"Glass Breaking""Bird""Snoring""Goal Cheer" 4 个声音。然后对"Snoring"声音进行裁剪处理。先单击"Snoring"声音缩略图，然后将鼠标放置在图中位置，拖动鼠标，选择图中的一段声音（选择后会出现一个蓝色的矩形，拖动矩形四周的小圆点可调整矩形大小）。接着单击"新拷贝"按钮，会出现一个"Snoring2"声音，这个声音就是新复制的声音。

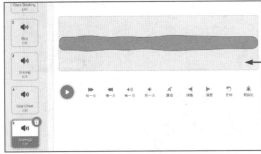

裁剪后的"Snoring"声音的波形。

4 单击"造型"标签，然后单击第 1 个造型，在舞台上拖动游戏提示到图中的位置。

5 接着为角色编写代码。先单击"代码"标签，然后在脚本区编写角色的第 1 段代码。

此积木块的坐标为游戏提示文字移动后角色的坐标。

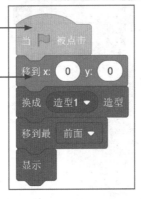

图 9-16　设计提示和声音（续）

6 编写角色的第 2 段代码。当按下空格键时，隐藏角色。

7 单击"造型"标签，再单击第 2 个造型，接着在舞台区将"你赢啦！小猪全部被打倒！"移动到图中的位置。

8 单击"代码"标签，在脚本区为角色编写第 3 段脚本。当接收到"游戏结束"消息时，播放声音"Goal Cheer"，并在最前面显示角色的第 2 个造型。

此积木块的坐标，为"你赢啦！小猪全部被打倒！"提示文字移动后角色的坐标。

在接收到"游戏结束"消息后，停止全部脚本。

9 编写游戏声音的脚本。

此重复执行积木块让声音不断循环播放。

此重复执行积木块循环播放声音 3 次，播放时等待 3 秒播放一次。

内部的"重复执行 3 次"积木块运行完成后，等待 5 秒，再次循环播放。

图 9-16 设计提示和声音（续）

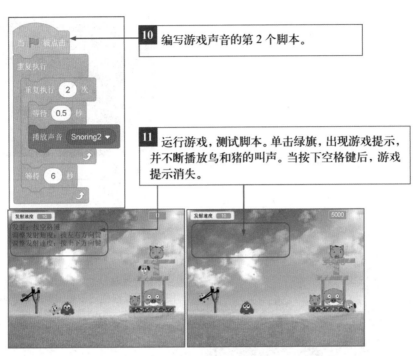

10 编写游戏声音的第 2 个脚本。

11 运行游戏，测试脚本。单击绿旗，出现游戏提示，并不断播放鸟和猪的叫声。当按下空格键后，游戏提示消失。

图 9-16 设计提示和声音（续）

9.14 创建一个游戏控制角色

创建一个新角色"游戏控制"，在游戏开始运行时，由"游戏控制"广播"准备"消息，让所有的角色和背景在规定的位置做好准备。然后再广播"开始"消息，触发所有的工作脚本，让角色移动，检测碰撞的发生，如图 9-17 所示。

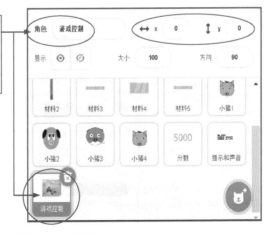

1 在角色列表中单击"上传角色"按钮，然后从电脑中选择一个图片文件（可作为游戏封面的图片），将其添加到角色中。

图 9-17 编写游戏控制的脚本

② 单击"造型"标签，然后单击"转换为矢量图"按钮。

③ 单击"选择"工具，再单击画板中的图片，用鼠标拖动图片四周的8个小圆点，将图片大小调整到铺满画板。同时观察舞台上图片是否填满舞台。

④ 单击"矩形"工具，在图片中央的位置拖出一个矩形。然后再单击"填充"下拉按钮，将填充色设置为渐变色。注意：先画矩形，然后单击"选择"工具再设置渐变色。

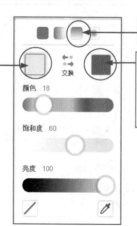

单击此按钮选择上下渐变色。

单击此按钮，然后拖动下面的滑块，可以选择渐变色中的上半部分颜色。

单击此按钮，然后拖动下面的滑块，可以选择渐变色中的下半部分颜色。

图 9-17　编写游戏控制的脚本（续）

5 单击"文本"工具，在画出的矩形上单击，然后输入"开始"，并将其颜色设置为红色，大小调整的和矩形大小适当。这样就制作出一个"开始"按钮。

6 单击"代码"标签，在脚本区为角色编写第一段脚本。

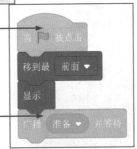

新建一个名为"准备"的新消息。此积木块会发出"准备"消息后，一直等到所有接收"准备"的脚本完成准备任务，才继续向下执行。

7 编写第 2 段脚本。当角色被点击后，广播"开始"消息，并隐藏角色。

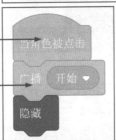

需要新建一个"开始"的新消息。

8 编写第 3 段脚本。

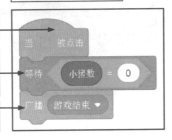

此积木块会一直等到"小猪数"等于0，才继续向下执行。

发出"游戏结束"的广播消息。

图 9-17　编写游戏控制的脚本（续）

9.15 调整和优化

下面要调整一些角色的脚本，让其可以被"游戏控制"角色的"准备"和"开始"消息激活，如图 9-18 所示。

221

1 将"小鸟1"角色脚本中的"当绿旗被点击"积木块换成"当接收到准备"积木块。

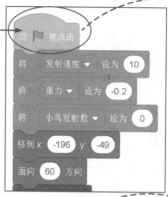
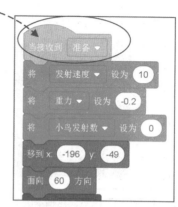

2 将"小鸟1"角色脚本中的"当绿旗被点击"积木块换成"当接收到开始"积木块。

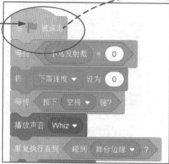

3 将"小鸟1"角色脚本中的"当绿旗被点击"积木块换成"当接收到开始"积木块。

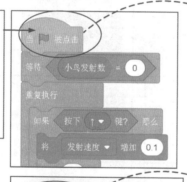
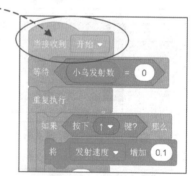

4 将"小鸟2"角色脚本中的"当绿旗被点击"积木块换成"当接收到准备"积木块。

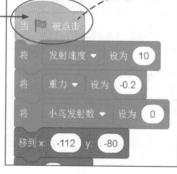
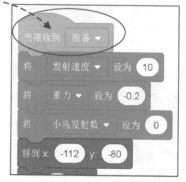

图 9-18　调整游戏

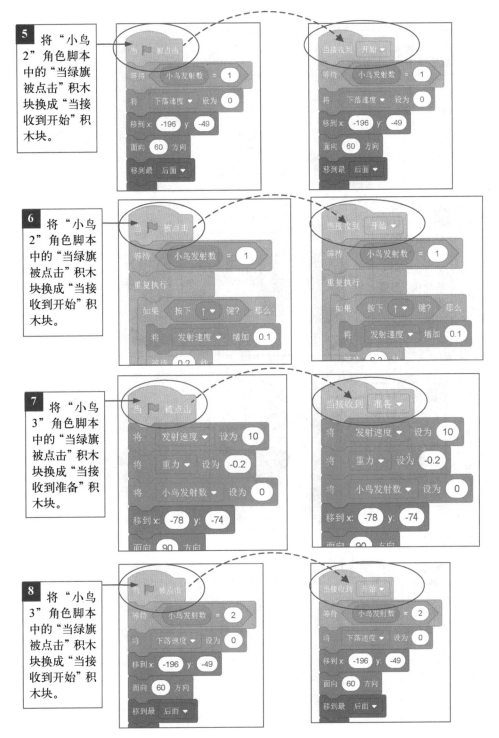

图 9-18 调整游戏（续）

5 将"小鸟2"角色脚本中的"当绿旗被点击"积木块换成"当接收到开始"积木块。

6 将"小鸟2"角色脚本中的"当绿旗被点击"积木块换成"当接收到开始"积木块。

7 将"小鸟3"角色脚本中的"当绿旗被点击"积木块换成"当接收到准备"积木块。

8 将"小鸟3"角色脚本中的"当绿旗被点击"积木块换成"当接收到开始"积木块。

9 将"小鸟3"角色脚本中的"当绿旗被点击"积木块换成"当接收到开始"积木块。

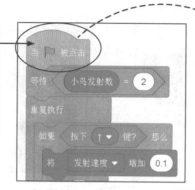
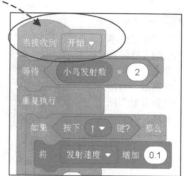

10 将"材料1"角色脚本中的"当绿旗被点击"积木块换成"当接收到准备"积木块。

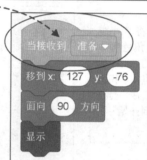

11 将"材料2"角色脚本中的"当绿旗被点击"积木块换成"当接收到准备"积木块。

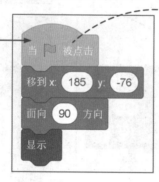
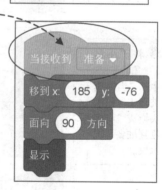

12 将"材料3"角色脚本中的"当绿旗被点击"积木块换成"当接收到准备"积木块。

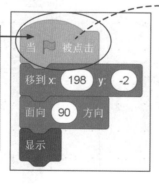
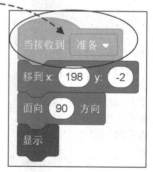

图 9-18　调整游戏（续）

13 将"材料4"角色脚本中的"当绿旗被点击"积木块换成"当接收到准备"积木块。

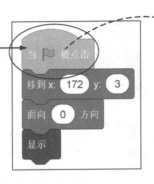

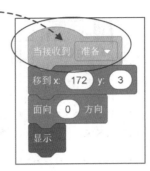

14 将"材料4"角色脚本中的"当绿旗被点击"积木块换成"当接收到开始"积木块。

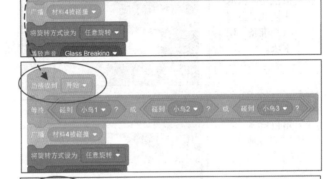

15 将"材料5"角色脚本中的"当绿旗被点击"积木块换成"当接收到开始"积木块。

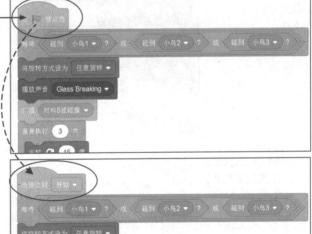

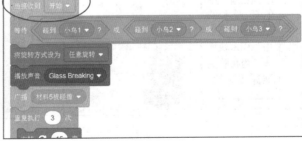

图9-18 调整游戏（续）

16 将"材料5"角色脚本中的"当绿旗被点击"积木块换成"当接收到准备"积木块。

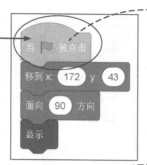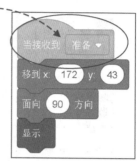

17 将"小猪1"角色脚本中的"当绿旗被点击"积木块换成"当接收到准备"积木块。

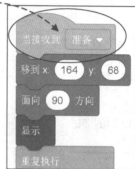

18 将"小猪1"角色脚本中的"当绿旗被点击"积木块换成"当接收到开始"积木块。

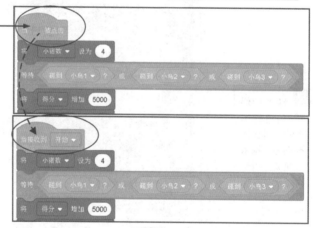

19 将"小猪2"角色脚本中的此脚本的"当绿旗被点击"积木块换成"当接收到准备"积木块。

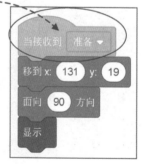

图 9-18 调整游戏（续）

20 将"小猪2"角色脚本中的此脚本的"当绿旗被点击"积木块换成"当接收到开始"积木块。

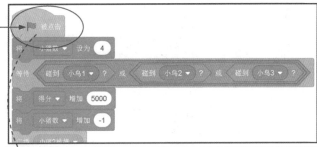

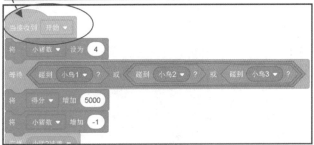

21 将"小猪3"角色脚本中的此脚本的"当绿旗被点击"积木块换成"当接收到开始"积木块。

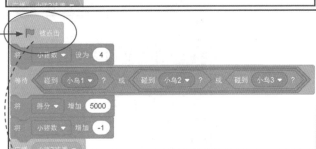

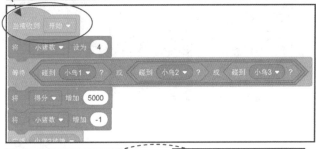

22 将"小猪3"角色脚本中的此脚本的"当绿旗被点击"积木块换成"当接收到准备"积木块。

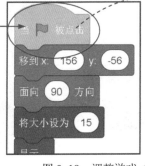 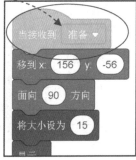

图 9-18 调整游戏（续）

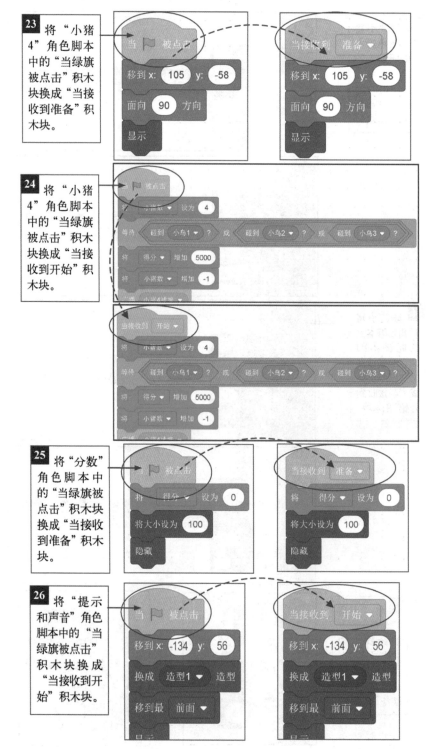

图 9-18　调整游戏（续）

27 调整完后，运行游戏。可以看到游戏开始时进入有"开始"按钮的界面，当单击"开始"按钮时，进入有游戏提示的界面。其它角色已经准备就绪，等着开始。当按下空格键后，小鸟发射出去，撞倒小猪后，得分。当小猪全部被撞到地上后，出现胜利提示。

图 9-18　调整游戏（续）

9.16　课后任务

本节任务

制作自己的《愤怒的小鸟》，在制作过程中，可以改变屏障结构，改变小鸟飞行的参数，配置不同的音乐和提示。

拓展任务

尝试为游戏设置关卡，比如，当 4 个小猪全部给撞到地上后，玩家晋级，可以进入到下一关，继续第二关的游戏。

劲舞团游戏

课程内容

在这节课中我们将制作一款劲舞团的游戏。在游戏中，随着音乐的响起，屏幕上滚动出现 4 种箭头图标，玩家根据箭头方向单击键盘相应的方向键。如果玩家按键和屏幕显示的箭头一致，则得 1 分。游戏结束后，玩家可以看到按对了多少键。

知识点

（1）自制积木

（2）列表

（3）克隆自己

（4）启动克隆体

用到的基本指令

（1）当绿旗被点击

（2）当接收到消息 1

（3）广播消息 1

（4）如果…那么

（5）等待 1 秒

（6）将我的变量设为 0

（7）将我的变量增加 1

（8）显示

（9）隐藏

（10）播放声音

（11）移到最前面

（12）按下空格键

（13）＞50

（14）=50

（15）【】 与 【】

（16）将颜色特效设置为 0

（17）重复执行

（18）克隆自己

（19）移到 x:y:

（20）换成…造型

（21）停止全部脚本

（22）建立一个变量

（23）制作新的积木

（24）建立一个列表

10.1 游戏制作分析

扫码观看视频

1. 故事与玩法要求

劲舞团是一款舞蹈游戏，同时可以锻炼玩家的反应速度。在游戏中，玩家可以欣赏舞者在绚丽的舞台上跳舞。同时屏幕上会滚动出现的各种图标，如果玩家按的键和屏幕上出现的图标一致，就会得分。在游戏开始时，玩家可以使用上下方向键调整图标移动速度，如图 10-1 所示。

图 10-1　玩法要求

2. 程序演示

程序演示如图 10-2 所示（扫描二维码观看演示）。

图 10-2　程序演示

3. 背景、角色分析

在正式制作程序前，请先分析一下程序中需要几个背景、总共有几个角色、几个造型，如图 10-3 所示。

程序中有 4 个箭头，1 个舞者、1 个按钮、1 个游戏提示，还有游戏控制等共 9 个角色。另外还有一个舞台背景。

图 10-3　程序背景和角色分析

4．行为、规则分析

所有角色行为、规则分析如图 10-4 所示。

1 游戏开始时出现游戏提示，单击"开始"按钮后，提示隐藏。

2 游戏开始时"开始"按钮出现，单击此按钮后，按钮隐藏。

3 单击"开始"按钮后，舞者开始跳舞。

4 游戏运行后，箭头图标随机出现，并从上向下移动。

5 游戏开始时，舞台灯光闪烁。

图 10-4　行为和规则分析

10.2　难点解析之列表

列表在 Scratch 中是一个重要的内容，列表也是变量的一种，但是是一组变量。

列表相当于一个队列，通常用在同一类的变量组中。比如，今天天气如何？可能的天气有晴天、阴天、多云、雷阵雨、下雪等。这些天气现象就可以看成一组变量，因为都是描述天气的。再比如，今天是星期几？星期一到星期日，7个变量，也可以看成有关星期几的一组变量。图10-5所示为列表的相关积木块。

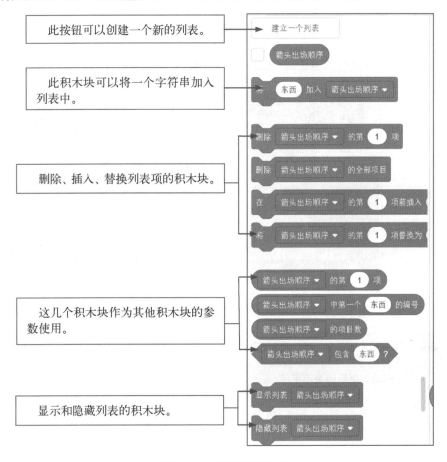

图 10-5 列表相关积木块

10.3 让克隆体运动起来

先编写一段脚本来让角色克隆自己，并让克隆体从下向上移动，如图 10-6 所示。

扫码观看视频

235

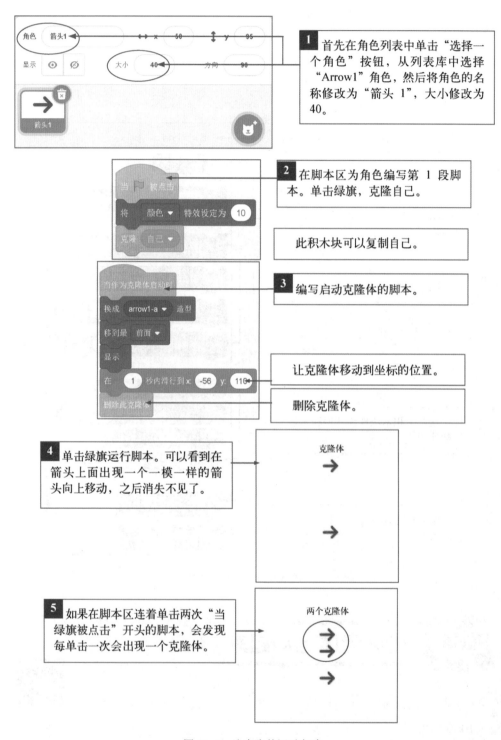

1 首先在角色列表中单击"选择一个角色"按钮，从列表库中选择"Arrow1"角色，然后将角色的名称修改为"箭头 1"，大小修改为40。

2 在脚本区为角色编写第 1 段脚本。单击绿旗，克隆自己。

此积木块可以复制自己。

3 编写启动克隆体的脚本。

让克隆体移动到坐标的位置。

删除克隆体。

4 单击绿旗运行脚本。可以看到在箭头上面出现一个一模一样的箭头向上移动，之后消失不见了。

5 如果在脚本区连着单击两次"当绿旗被点击"开头的脚本，会发现每单击一次会出现一个克隆体。

图 10-6 让克隆体运动起来

10.4 让舞台灯光闪烁

下面为游戏添加一个漂亮的背景，并让舞台看起来灯光闪烁，如图 10-7 所示。

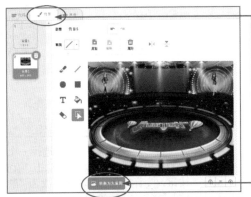

1 首先在舞台列表中单击"上传背景"按钮，从电脑中选择一张背景图。接着单击"背景"标签，再单击画板下方的"转换为矢量图"按钮。

2 单击"选择"工具，在画板上单击背景图片，接下来拖动图片四周的 8 个圆点，将图片调整到铺满舞台。

3 单击"代码"标签，在脚本区为背景编写脚本。

此重复执行脚本让背景的颜色不断变换，就好像灯光闪烁一样。

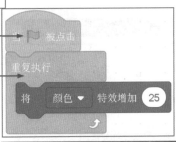

4 运行一下程序，可以看到舞台灯光非常漂亮。

图 10-7 添加背景

10.5 创建游戏的大脑——游戏控制

现在来创建游戏的大脑——游戏控制。它会通过广播"远程控制"消息来控制箭头角色工作。另外，它还有一些其他的工作：生成箭头移动的序列，让箭头按照序列来出场移动，如图 10-8 所示。

扫码观看视频

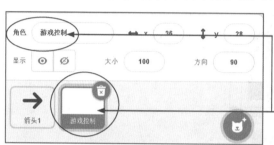

1 在角色列表中鼠标移到"选择一个角色"按钮，在弹出的菜单中单击"绘制"按钮，接着将角色的名称修改为"游戏控制"。

2 单击"代码"标签，再单击"变量"按钮，然后单击"建立一个列表"按钮，新建一个列表，并命名为"箭头出场顺序"。

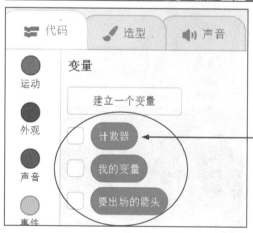

3 单击"建立一个变量"按钮，新建两个变量，分别命名为"计数器"和"要出场的箭头"。

图 10-8 创建"游戏控制"角色

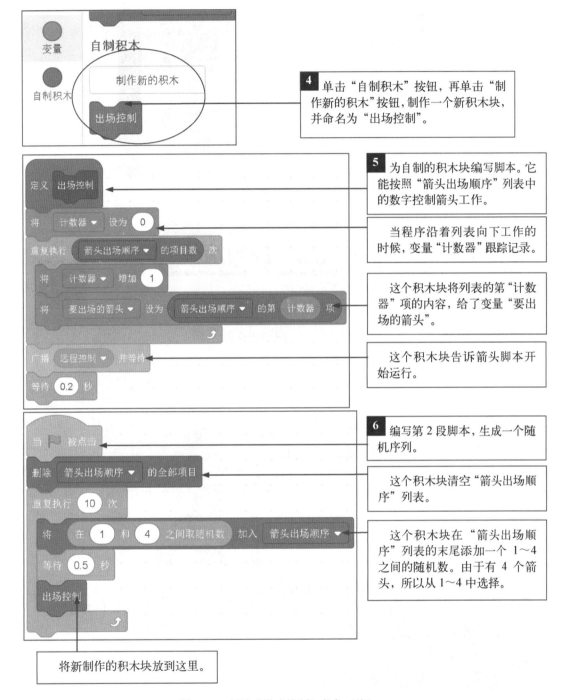

4 单击"自制积木"按钮，再单击"制作新的积木"按钮，制作一个新积木块，并命名为"出场控制"。

5 为自制的积木块编写脚本。它能按照"箭头出场顺序"列表中的数字控制箭头工作。

当程序沿着列表向下工作的时候，变量"计数器"跟踪记录。

这个积木块将列表的第"计数器"项的内容，给了变量"要出场的箭头"。

这个积木块告诉箭头脚本开始运行。

6 编写第2段脚本，生成一个随机序列。

这个积木块清空"箭头出场顺序"列表。

这个积木块在"箭头出场顺序"列表的末尾添加一个 1~4 之间的随机数。由于有 4 个箭头，所以从 1~4 中选择。

将新制作的积木块放到这里。

图 10-8 创建"游戏控制"角色（续）

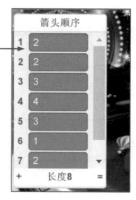

7 测试程序。可以看到舞台中的列表慢慢被填满。

图 10-8 创建"游戏控制"角色（续）

10.6 让游戏"大脑"控制箭头

下面修改之前编写的"箭头 1"角色的脚本，让"游戏控制"角色的脚本可以控制"箭头 1"的工作，如图 10-9 所示。

扫码观看视频

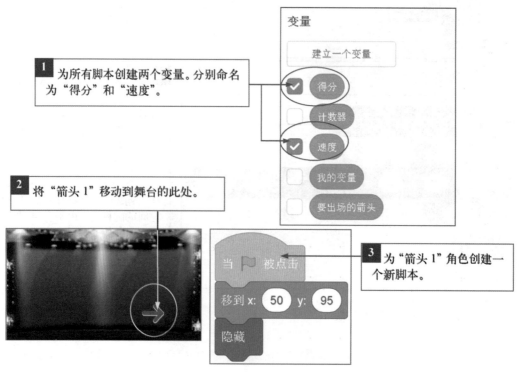

1 为所有脚本创建两个变量。分别命名为"得分"和"速度"。

2 将"箭头 1"移动到舞台的此处。

3 为"箭头 1"角色创建一个新脚本。

图 10-9 调整"箭头 1"的脚本

4 将之前"箭头1"克隆自己的脚本修改为右侧的脚本。

如果变量"要出场的箭头"的值等于1，执行"如果...那么"中间的脚本。

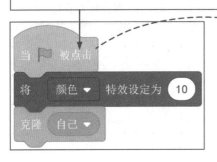

此坐标为"箭头1"克隆体移到最上面位置的坐标。

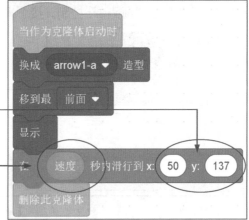

5 修改"箭头1"的此段脚本中的坐标参数。让"箭头1"垂直向上移动。同时将时间参数修改为变量"速度"。

6 为"箭头1"编写第4段脚本。

此重复执行积木块在屏幕出现向右箭头图标时，玩家同时也按下了向右方向键时，得分增加1分。

只有按下向右方向键和"要出场的箭头"值为1时，才执行得分增加1脚本，并播放声音。

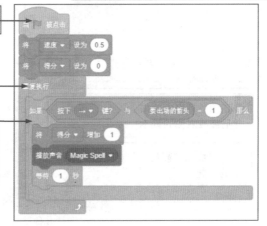

图10-9 调整"箭头1"的脚本（续）

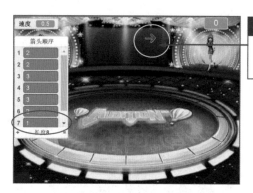

7 运行游戏测试脚本。可以看到列表中出现"1"后，箭头开始向上移动。同时按下向右方向键后，得分变为了1。

图 10-9　调整"箭头1"的脚本（续）

10.7 控制更多的箭头

之前实现了"箭头1"控制，接下来我们加入其他3个方向键。如图 10-10 所示。

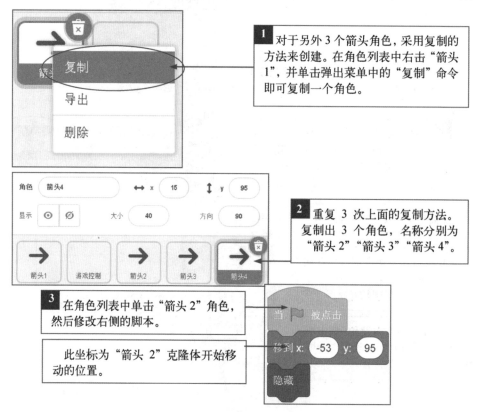

1 对于另外3个箭头角色，采用复制的方法来创建。在角色列表中右击"箭头1"，并单击弹出菜单中的"复制"命令即可复制一个角色。

2 重复 3 次上面的复制方法。复制出 3 个角色，名称分别为"箭头2""箭头3""箭头4"。

3 在角色列表中单击"箭头2"角色，然后修改右侧的脚本。

此坐标为"箭头 2"克隆体开始移动的位置。

图 10-10　调整其他箭头的脚本

4 修改"当接收到远程控制"积木块开头的脚本。

修改这两个积木块的参数。

5 修改"当作为克隆体启动时"积木块开头的脚本。

这里修改为"arrow1-b"。

此坐标为"箭头2"克隆体移到最上面位置的坐标。

6 修改右侧的脚本。

修改为2。

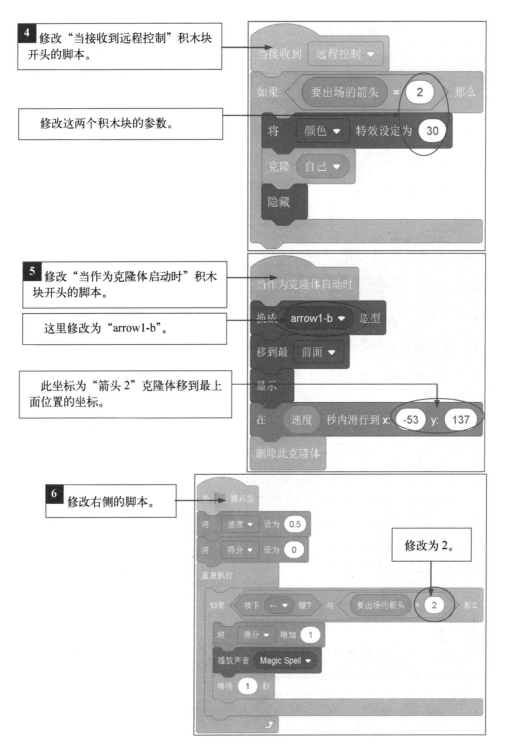

图 10-10　调整其他箭头的脚本（续）

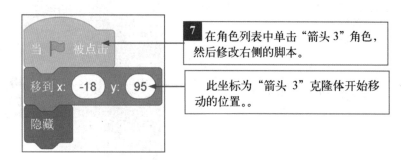

7 在角色列表中单击"箭头 3"角色，然后修改右侧的脚本。

此坐标为"箭头 3"克隆体开始移动的位置。。

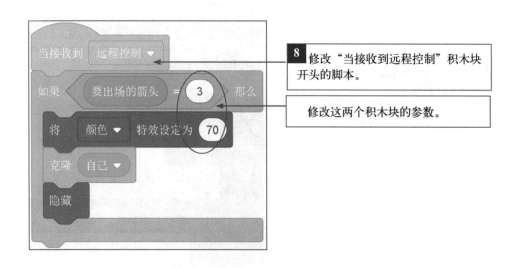

8 修改"当接收到远程控制"积木块开头的脚本。

修改这两个积木块的参数。

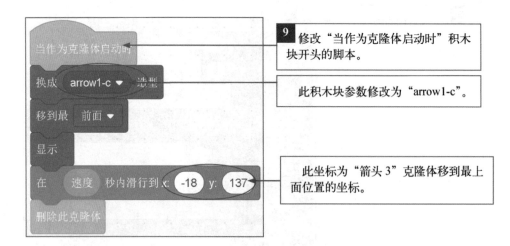

9 修改"当作为克隆体启动时"积木块开头的脚本。

此积木块参数修改为"arrow1-c"。

此坐标为"箭头 3"克隆体移到最上面位置的坐标。

图 10-10 调整其他箭头的脚本（续）

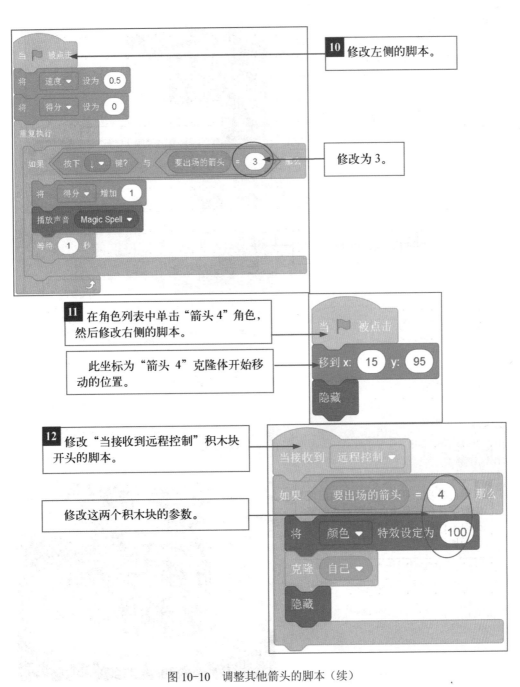

图 10-10 调整其他箭头的脚本（续）

13 修改"当作为克隆体启动时"积木块开头的脚本。

这里修改为"arrow1-d"。

此坐标为"箭头4"克隆体移到最上面位置的坐标。

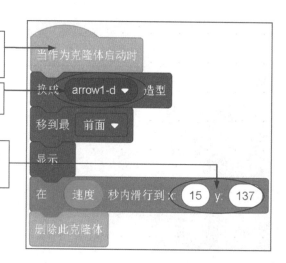

14 修改右侧的脚本。

修改为4。

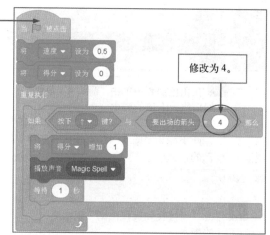

15 运行游戏。可以看到列表中出现的数字，在屏幕上会出现对应的箭头向上移动，如果按对按键，得分会增加。

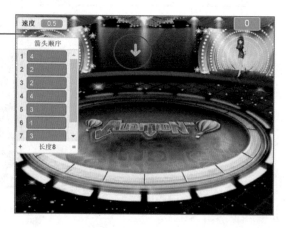

图 10-10　调整其他箭头的脚本（续）

10.8 通过"开始"按钮来启动游戏

之前编写的游戏,在单击绿旗后,游戏就直接开始运行,没有准备阶段,也不能调整箭头移动速度。下面创建一个"开始"按钮,通过"开始"按钮来开启游戏,如图 10-11 所示。

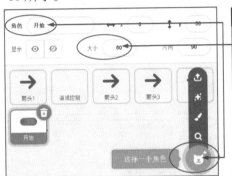

1 单击"选择一个角色"按钮,从角色库中选择"Buton2"角色,然后将角色的名称修改为"开始",大小修改为 50。

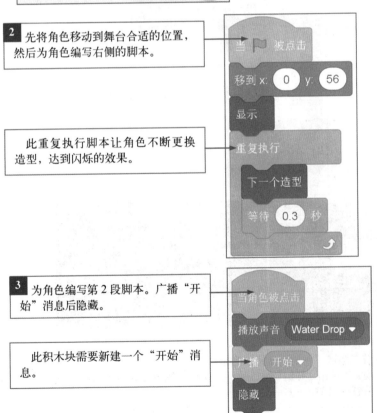

2 先将角色移动到舞台合适的位置,然后为角色编写右侧的脚本。

此重复执行脚本让角色不断更换造型,达到闪烁的效果。

3 为角色编写第 2 段脚本。广播"开始"消息后隐藏。

此积木块需要新建一个"开始"消息。

图 10-11 制作"开始"按钮

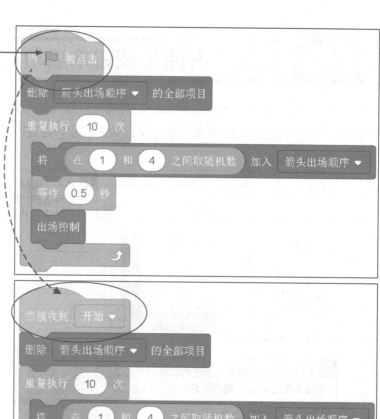

4 先单击"游戏控制"角色，然后修改"当绿旗被点击"开头的脚本。将"当绿旗被点击"积木块更换为"当接收到开始"积木块。让其在接收到"开始"消息后，才开始控制箭头移动。

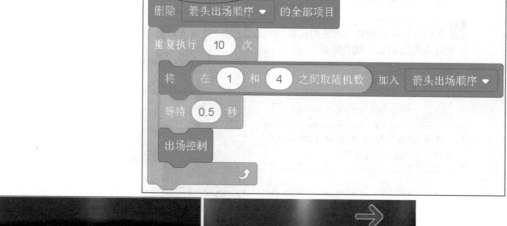

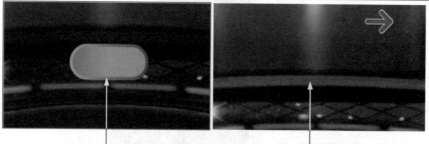

5 运行游戏测试"开始"按钮。当单击绿旗时，箭头没有出现；当单击"开始"按钮时，"开始"按钮消失，同时箭头开始出现。

图 10-11　制作"开始"按钮（续）

10.9 让玩家调整箭头移动速度

前面制作的游戏，箭头只以一种速度向上移动，可玩性较低。下面增加一个调整速度的脚本，让玩家可以调整箭头移动的速度，让游戏更好玩，如图10-12所示。

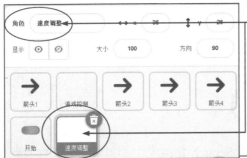

1 在角色列表中单击"绘制"按钮，新建一个空白角色。然后将角色名称修改为"速度调整"。

3 编写完整后脚本如下。由于这里调整的是移动的时间，距离不变，时间越短，速度越快。所以按向上方向键时，让"速度"变量变小来实现速度加快。

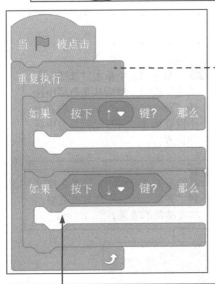

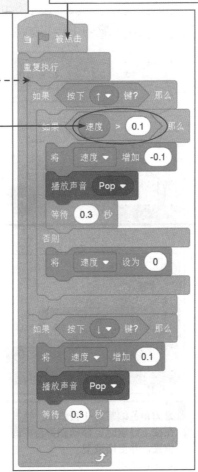

2 单击"代码"标签，开始编写调整速度的脚本。先搭建脚本的框架，上图在重复执行循环中，有两个"如果……那么"条件语句来判断哪个键被按下。

此参数为什么不是大于0呢？因为每次调整一次减少0.1，所以如果以0为判断依据，"速度"变量就会出现负数的情况。如果小于0.1，则直接设置为0。

图10-12 调整箭头移动速度

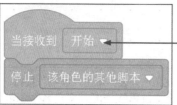

4 测试脚本。可以看到按方向键可以灵活调整变量值。

5 编写第 2 段脚本。当接收到"开始"消息后，停止该角色其他脚本，即单击"开始"按钮后，就不可以调整速度了。

图 10-12　调整箭头移动速度（续）

10.10 请舞者登台

由于没有跳舞的图片资料，这里使用 Scratch 角色库中的舞者，如果你有跳舞的图片，在制作时，可以从电脑中上传，如图 10-13 所示。

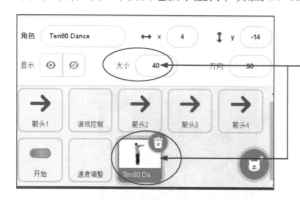

1 在角色列表中单击"选择一个角色"按钮，然后从角色库中选择"Ten80 Dance"角色。将其大小设置为 40，并移动到舞台中间的位置。

3 编写第 2 段脚本。让其在接收到"开始"后，不断更换造型，实现跳舞的效果。

2 为角色编写第 1 段脚本。让其在按下绿旗时，移动到舞台中间位置，并更换造型。

图 10-13　为舞者编写脚本

10.11 为游戏添加音乐和提示

下面为游戏增加一些音乐，还有游戏提示，使游戏更加有意思，如图 10-14 所示。

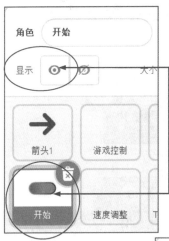

1 先单击"开始"角色缩略图，然后单击"显示"按钮将"开始"按钮显示出来。为下一步添加提示字做准备。

2 在角色列表中单击"绘制"按钮，绘制一个新角色。然后在角色属性中将角色名称修改为"提示和音乐"。

3 在"造型"标签下的画板中单击"文本"工具，然后在画板上输入"调整速度：按上下方向键，数值越小，速度越快"。单击"选择"工具，调整文字的大小，然后移动到背景中黑色矩形的位置（参考下图）。再单击"文本"工具，输入"开始"，并调整大小和位置。将"开始"移动到"开始"角色的位置。

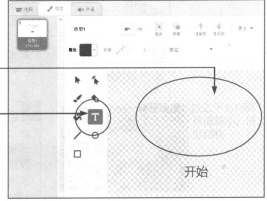

图 10-14 为游戏添加提示和音乐

超好玩的**Scratch 3.5**少儿编程

游戏提示文字的位置。

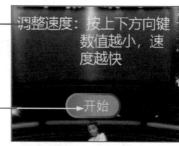

"开始"文字的位置。

4 单击"代码"标签，在脚本区为角色编写右侧的脚本。

5 在重复播放 10 次声音后，游戏结束。这里用声音来作为计时器。也可以以"箭头出场顺序"列表数字全部添加完作为游戏结束标志。比如，在"游戏控制"角色中以"当接收到开始"开头的脚本的最后加上"停止全部脚本"积木块来控制游戏结束。

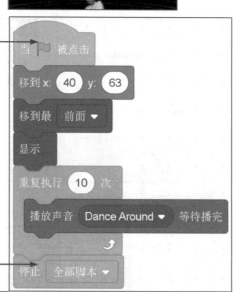

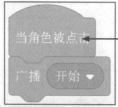

6 编写第 2 段脚本。当接收到"开始"消息后，隐藏角色。

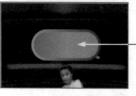

7 编写第 3 段脚本。当角色被点击时，广播"开始"消息。这样可以避免玩家单击到文字时，游戏没有切换。

8 运行游戏。发现"开始"按钮上没有"开始"文字。这是由于"开始"角色与"提示和音乐"角色脚本中都加入了"移到最前面"积木块。删除"开始"角色中的此积木块即可。

图 10-14　为游戏添加提示和音乐（续）

252

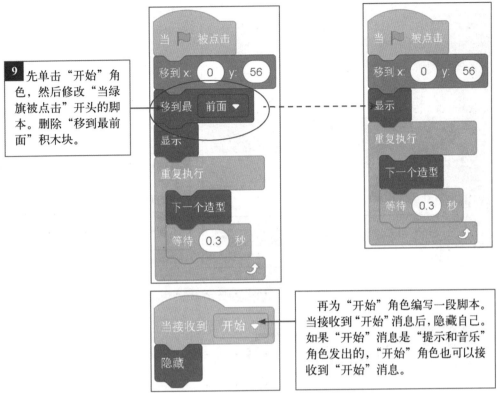

9 先单击"开始"角色，然后修改"当绿旗被点击"开头的脚本。删除"移到最前面"积木块。

再为"开始"角色编写一段脚本。当接收到"开始"消息后，隐藏自己。如果"开始"消息是"提示和音乐"角色发出的，"开始"角色也可以接收到"开始"消息。

图 10-14 为游戏添加提示和音乐（续）

10.12 调试与优化

在编写游戏的过程中，需要不断地进行测试，然后优化调整。下面对游戏中需要优化调整的关键参数做一个总结，如图 10-15 所示。

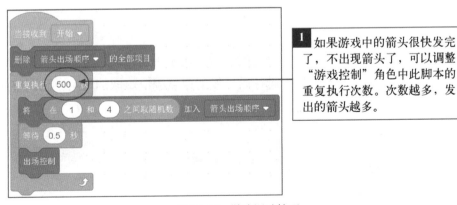

1 如果游戏中的箭头很快发完了，不出现箭头了，可以调整"游戏控制"角色中此脚本的重复执行次数。次数越多，发出的箭头越多。

图 10-15 游戏调试技巧

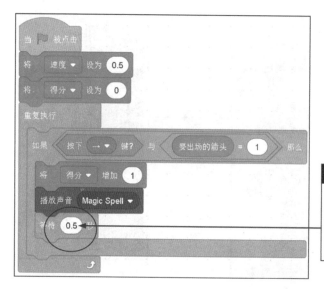

2 调整 "箭头 1" "箭头 2" "箭头 3" "箭头 4" 角色左侧的脚本中等待的时间，可以调节箭头发出的间隔时间。如果感觉游戏玩起来不刺激，可以将此时间调短。

图 10-15　游戏调试技巧（续）

10.13　课后任务

本节任务

制作自己的《劲舞团游戏》，在制作过程中，可以增加更多的舞者，让玩家自己选择用哪个舞者来跳舞。

拓展任务

为游戏设计关卡，在得分达到一定的值后，玩家可以晋级，进入第二关。每一关中 "发射速度" 的参数不一样，越往后，发射速度越快。取消玩家自己调整速度的功能。